别怕，
Excel函数
其实很简单II

Excel Home 编著

人民邮电出版社
北京

图书在版编目（CIP）数据

别怕，Excel函数其实很简单. 2 / Excel Home编著
. -- 北京 : 人民邮电出版社，2016.6（2022.4重印）
ISBN 978-7-115-41773-2

Ⅰ. ①别… Ⅱ. ①E… Ⅲ. ①表处理软件 Ⅳ.
①TP391.13

中国版本图书馆CIP数据核字(2016)第027760号

内 容 提 要

运用先进的数据管理思想对数据进行组织，运用强大的 Excel 函数与公式对数据进行统计分析，是每一位职场人士在信息时代的必备技能。

本书在《别怕，Excel 函数其实很简单》的基础上，用浅显易懂的图文、生动形象的描述以及大量实际工作中的经典案例，对 Excel 函数与公式的应用进行了更深入的介绍。本书首先介绍了函数使用过程中都会遇到的两个问题—长公式如何解读，公式错误值怎么处理；然后介绍了在数据统计、汇总、查找和引用过程中常用的几个函数，以及数组公式和名称的使用；最后介绍了如何在条件格式和数据有效性中使用公式。

本书适合希望提高办公效率的职场人士，特别是经常需要处理、分析大量数据并制作统计报表的相关人员，以及相关专业的高校师生阅读。

◆ 编　　著　Excel Home
　　责任编辑　马雪伶
　　责任印制　杨林杰

◆ 人民邮电出版社出版发行　　北京市丰台区成寿寺路 11 号
　　邮编　100164　　电子邮件　315@ptpress.com.cn
　　网址　http://www.ptpress.com.cn
　　北京虎彩文化传播有限公司印刷

◆ 开本：800×1000　1/16
　　印张：21.5　　　　　　　　　　2016 年 6 月第 1 版
　　字数：452 千字　　　　　　　2022 年 4 月北京第18次印刷

定价：79.90 元

读者服务热线：(010)81055410　印装质量热线：(010)81055316
反盗版热线：(010)81055315

序一

让我们更有效率地烹饪信息大餐

在原始社会，一名好厨子通常只需要做好一件事情，就是确保所有能做成食物的东西都被做成食物。在资源特别匮乏的时代，人类首先关注的是能不能吃饱，而不是好不好吃。所以，你只需要借助树枝和石块，就可以开工了。

随着科技的进步，越来越多的专业设备进入寻常百姓家，造福我等懒人。

想在家里吃最新鲜的面包？把面粉和配料倒进面包机，然后完全不用管，等着吃就好了。

想喝不含任何添加剂的酸奶？把奶和配料倒进酸奶机，然后完全不用管，等着喝就好了。

想吃糖醋排骨？把排骨和配料倒进料理机，定好时间，坐等开锅……

这一切，和我等"表哥""表妹"如今的境遇何等相似？

在这样一个信息大爆炸的时代，从海量数据中高速有效地提取有价值的信息，提供决策支持，是大到企业小到个人都必须具备的技能，而技能需要借助工具方可施展。如果把Excel看作一个工具套装，那么函数与公式毫无疑问是其中一个非常重要的组成部分。

不到长城非好汉——这句话肯定有点夸张了，好汉不一定都会到长城。但是，对于和Excel常打交道的"表哥""表妹"而言，用不好函数和公式，就肯定谈不上熟练使用Excel——以后千万别在个人简历上想当然地就写自己精通Excel，很容易露馅。

很多人觉得Excel函数和公式很难学，说自己怎么努力也学不好，说自己数学不好所以学不好，说自己不会英文所以学不好……是啊，要想学不好，理由总是很多的，可问题是这是个不得不好好学习的东西，怎么办呢？

我想问，对于做面包这件事情，是学习揉面、发面、烘烤这一系列流程容易呢，还是学会怎么操作面包机容易？每一个Excel函数，都像一台特定口味的面包机，你只需要了解放什么原料进去，选择哪个挡位，就能确定无疑地得到对应的面包，想要烤焦都很难。所以，你觉得函数难，是因为你还没有看到更难的事情——没有函数。

很多食品和菜肴的制作过程远比做面包复杂，需要按照配方和流程，借助多种烹饪设备完成。但是，在使用具体的每个设备时，也大多是"放进去不用管"的原则。原料依次经过多个设备，前一个工序完成的半成品，作为原料进入下一个工序，直到最后成品。这和Excel函数的嵌套使用是相同的道理，单个函数的功能有限，但多个函数按流程组织在一起，就非常强大了。

所以，**我们应该将Excel的函数视作我们的好帮手，是我们的福星，而不是令人头疼的坏家伙**。你只要多花一点心思读读它们的说明书，了解放什么原料、开关在哪里，就可以让它们为我们高效地工作，烹饪信息大餐。

多久才能真正学会Excel函数？

看到这里，也许你会说，好吧，我已经完全明白Excel函数是个啥角色，并且已经做好准备认真学习它了。可是我需要学习多久才能真正学会呢？

问得好！

但是这个问题要回答清楚可真没那么容易，我觉得有必要讲得细一点。

最近有个很火的说法，说只要练习10 000个小时，就可以成为任何一个领域的专家。

嗯，先别怕，我并不是说你要10 000个小时才能学会Excel函数，我只是借着这句话开始我的回答。

什么是专家呢？比如厨艺这件事，要达到普通厨师、高级餐厅的大厨、食神这样不同的专家级别，付出的努力肯定是不一样的，甚至还不光是努力就可以达成的。那么，我们的目标是啥呢？怎样才算真正学会Excel函数呢？

我个人觉得，只要达到两点，就可以算学会Excel函数了。

（1）真正理解Excel函数是做什么的；

（2）掌握函数与公式的通用特性并掌握最常用的一些函数。

学习新知识，就像探索陌生地域。如果带着地图进入陌生地域，那么迷路的可能性就会大大降低；如果进入之前还能乘飞机鸟瞰一番，那就更有利于之后的探索。那么，我们现在先鸟瞰一下，Excel函数到底是做什么的。

Excel函数是用在公式里面的，谈函数必谈公式，两者不宜分割。我曾多次在培训课堂上问学员一个问题，"Excel函数与公式的核心价值是什么？"得到的答案100%都是"计算"。这个答案，对，也不对。

函数确实有计算的功能，只要指定参数，它就可以按预定的算法完成计算，输出结果。所以前文我将它比喻成面包机，放进面粉和配料，就可以自动做好面包。但是，这只是函数的初级功能，而不是核心价值。

在Excel里面，我们通常需要完成的任务，是对表格的每一列或每一行都按照预定的算法得出结果。在这一列（或行）结果没有诞生之前，其他的数据之间是没有关联起来的，看不到任何有意义的信息。所以，**Excel函数和公式的核心价值是确立数据之间的关联关系，并且使用新的数据（结果）描述出来。**

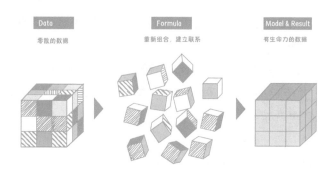

函数和公式要实现的是一种算法表达，所以与其说它是一台面包机，不如说是一个面包解决方案，或者面包魔法。一台面包机，只能作用于一份面粉和配料。而面包魔法，可以对所有符合配方的面粉和配料进行作用，让它们全部变成某种面包。

接下来，我们需要掌握函数与公式的通用特性，包括数据类型、运算符、引用方式的选择、函数的选择和使用方法、函数如何嵌套等，之后再学习最常用的一部分函数——大约20个。

一般说来，如果你深入了解并能熟练使用的函数数量到达50个，就已经相当厉害了。尽管这只占Excel函数总量的1/8左右，但对你而言，剩下的任何函数都不再有难点，只要在需要用到它们的时候，快速学习了解即可。

哪些通用特性和常用函数是需要优先掌握的？这正是本书要告诉你的。

打破知识的诅咒

1990年，心理学专家伊丽莎白·牛顿（Elizabeth Newton）在斯坦福大学做了一个著名的实验。在这个实验中，她把参与者分为两种角色："敲击者"和"听众"。敲击者拿到一张有25首名曲的单子，这些名曲都是绝大多数人耳熟能详的，例如《祝你生日快乐》。每位敲击者挑选一首，把节奏敲给听众听（通过敲桌子）。听众的任务是根据敲击的节奏猜出歌曲。

在整个实验过程中，人们敲出了120首曲子的节奏，而听众只猜出了其中的2.5%——120首中的3首。敲击者传递的信息，40次中才有一次被理解，但是他们在敲之前都信心满满，认为自己每敲两次就至少有一次可以让听众识别出来。

这是为什么呢？

当一个敲击者敲打的时候，他听到的是他脑子里的歌曲。同时，听众听不到那个曲调——他们所能听到的，只是一串分离的敲击声，就像一种奇怪的莫尔斯式电码，需要付出很多努力才能辨出乐曲。敲击者会对此感到震惊：难道不是很明显就能听出来吗？他们的想法还可能是：你怎么会这么蠢呢？

这就是"知识的诅咒"——一旦我们知道某样东西，我们就会发现很难想象不知道它是什么样子。我们的知识"诅咒"了我们。**对于我们来说，同别人分享我们的知识变得很困难，因为我们不易重造我们听众的心境。**

我第一次听说这个概念的时候，非常震惊，并且马上请我的妻子一起做了这个实验：我们依次相互敲击几首我们都肯定对方非常熟悉的曲子，结果是我们一次也听不出对方敲的是啥。切身体验告诉我，当我敲的时候，无论自认为多么容易的曲子，我妻子就是无法明白，反过来也一样，真让人抓狂。

从此，无论是我参与编写的图书项目，还是在培训课堂上，我都反复地提醒自己，一定要争取打破知识的诅咒，一定要经常站在对方的角度想一想，我对于某个知识点的描述是否真的清晰易懂？我有没有用一个专业术语去解释另一个专业术语而导致理解障碍？坦白地讲，尽管Excel Home的图书以及课程都很受欢迎，但我仍然觉得我们做得还不够好，还有许多提升空间。

当然，打破"知识的诅咒"确实是件困难的事情，要求知识分享者要经常回忆自己的学习经历，然后使用尽量具体客观的描述方式去取代那些很抽象的概念。例如，对一个从来没有接触过逻辑判断运算的人讲解Excel的IF函数，就得回忆自己当初第一次学习它的情景，那时的理解难点在哪里？犯过什么理解错误？然后以现有水平的自己穿越回去，告诉当初的自己：你应该这样这样……就对了。OK，怎么教当初的自己，现在就可以怎么教其他人。

市面上的Excel图书，大多描述自己的讲解方式特点是"深入浅出"。我毫不怀疑所有作者都是希望做到深入浅出的，但往往深入容易浅出很难。所以，我就不再说这本罗老师和我花了近两年时间才折腾出来的书的特点是"深入浅出"了，我只希望大家能更轻松地听懂我们所敲的每一支Excel函数之曲。

最后，祝大家学习愉快！

Excel Home 创始人、站长　周庆麟

序二

没有完美，我们只是想离完美更近一些

2012年初秋，《别怕，Excel函数其实很简单》完成策划开始写作；

2015年春节前夕，图书上市；

2015年立夏，第一次加印；

2015年冬至月，销量已过20000册。

从着手写作到最终出版，前前后后一共花了两年半的时间，此间数次修改——若不能真正给初学者一本零基础学习Excel函数的入门书，则背离了创作的初衷。

如今，在Excel Home论坛上，关于这本书的主题接近2000个；在京东、当当等网上书店的读者好评率也在99%以上。如此种种的表现，算是大家对此书的肯定，在此谢谢广大读者的厚爱——私以为这样的成绩也算是及格了。

在Excel Home众多的畅销图书中，"别怕"系列一直是特立独行的，我们希望Ta严谨但不严肃，深入但不深奥，既是学习Excel的教程，更是一位活泼幽默的"学长"，用一种形象的、容易的方式，将原本冰冷的复杂的知识，轻松又让人愉悦地表达出来——就像春日午后的阳光中飘来的咖啡香，令人惬意且沉醉。让繁琐、枯燥、教条、假大空统统见鬼去吧，我们只写初学者所真正需要的实用干货。

因此，在《别怕，Excel函数其实很简单》书稿修改的过程中，我们多次遇到了"鱼和熊掌"的问题，为了给初学者更好的阅读体验，我们不得不舍弃了一些对于初学者来讲理解起来暂时有困难的，或者是日常工作中应用频率相对较低的函数，从而把写作重心完全集中在"入门"二字上，让初学者能从知识体系搭建的角度真正进入Excel函数应用之门。

但是很多读者在第一时间读完了《别怕，Excel函数其实很简单》之后，跟我们说，好是好，就是有点意犹未尽，能不能继续。综合各种读者的意见，加上我们也觉得还有很多内容没有完全展开，于是决定写《别怕，Excel函数其实很简单 Ⅱ》。

如果读者读过第一本书，再阅读完这本《别怕，Excel函数其实很简单 Ⅱ》，便可以基本告别函数菜鸟的队伍，在绝大多数的工作中自如地运用Excel函数解决问题了。

路漫漫其修远兮，吾将上下求索，废话到此为止，祝大家学习愉快！

罗国发、周庆麟

2016年3月1日

前言

本书以培养学习兴趣为主要目的，遵循实用为主的原则，深入浅出地介绍了Excel函数的计算原理和经典应用知识。作者沿袭了超级畅销"别怕"系列的写作风格，利用生动形象的比拟和浅显易懂的语言描述Excel函数与公式中看似复杂的概念和算法，借助实战案例来揭示公式编写思路和函数应用技巧。

阅读对象

如果您是"表哥"或"表妹"，长期以来被无穷的数据折磨得头昏脑涨，希望通过学习函数与公式来进一步提升数据统计能力；如果您是大中专院校在校学生，有兴趣学习强大的Excel函数与公式用法，为今后的职业生涯提前锻造一把利剑，那你们便是本书最佳的阅读者。

当然，在阅读之前，您得对Windows操作系统和Excel有一定的了解。

写作环境

本书以Windows 7和Excel 2010为写作环境。

使用Excel 2003、Excel 2007和Excel 2013的用户不必担心，因为书中涉及的知识点基本上在这些版本中同样适用。

后续服务

在本书的编写过程中，尽管作者团队始终竭尽全力，但仍无法避免存在不足之处。如果您在阅读过程中有任何意见或建议，敬请反馈给我们，我们将根据您提出的宝贵意见或建议进行改进，继续努力，争取做得更好。

如果您在学习过程中遇到困难或疑惑，可以通过以下任意一种方式和我们互动。

（1）您可以访问Excel Home技术论坛，这里有各行各业的Office高手免费为您答疑解惑，也有海量的应用案例。

（2）您可以在Excel Home门户网站免费观看或下载Office专家精心录制的总时长数千分钟的各类视频教程，并且视频教程随技术发展在持续更新。

（3）您可以关注Excel Home官方微信公众号"Excel之家ExcelHome"，我们每天都会推送实用的Office技巧，微信小编随时准备解答大家的学习疑问。

您也可以发送电子邮件到book@excelhome.net，我们将尽力为您服务。

致谢

本书由周庆麟策划及统稿，由罗国发进行编写，由祝洪忠完成校对。

感谢美编马佳妮为本书绘制了精彩的插图，这些有趣的插图让本书距离"趣味学习，轻松理解"的目标更进了一步。

Excel Home论坛管理团队、在线培训中心教管团队、微博小分队长期以来都是Excel Home图书的坚实后盾，他们是Excel Home大家庭中最可爱的人。最为广大会员所熟知的代表人物有朱尔轩、林树珊、祝洪忠、刘晓月、吴晓平、方骥、杨彬、朱明、郗金甲、黄成武、孙继红、王鑫等，在此向这些最可爱的人表示由衷的感谢。

衷心感谢Excel Home的百万会员，是他们多年来不断的支持与分享，才营造出热火朝天的学习氛围，并成就了今天的Excel Home系列图书。

Excel Home简介

Excel Home是微软在线社区联盟成员，是一个主要从事研究、推广以Excel为代表的Microsoft Office软件应用技术的网站。自1999年由Kevin Zhou（周庆麟）创建以来，目前已成长为全球最具影响力的华语Excel资源网站之一，拥有大量原创技术文章、视频教程、加载宏及模板。

Excel Home 社区是一个颇具学习氛围的技术交流社区。截至2015年1月，注册会员人数逾300万，同时也产生了32位Office方面的MVP（微软全球最有价值专家），中国大陆地区的Office MVP被授衔者大部分来自本社区。现在，社区的版主团队包括数十位中国大陆和港澳台地区的Office技术专家，他们都身处各行各业，并身怀绝技！在他们的引领之下，越来越多的人取得了技术上的进步与应用水平的提高，越来越多的先进管理思想转化为解决方案并被部署。

Excel Home 是Office 技术应用与学习的先锋，通过积极举办各种技术交流活动，开办完全免费的在线学习班，创造了与众不同的社区魅力并持续鼓励技术的创新与进步。网站上的优秀文章在微软（中国）官网上同步刊登，让技术分享更加便捷。另一方面，原创图书的出版加速了技术成果的传播共享，从2007 年至今，Excel Home 已累计出版Office 技术类图书数十本，在Office 学习者中赢得了良好的口碑。

Excel Home 专注于Office 学习应用智能平台的建设，旨在为个人及各行业提升办公效率、将行业知识转化为生产力，进而实现个人的知识拓展及企业的价值创造。无论是在校学生、普通职员还是企业高管，在这里都能找到自己所需要的内容。创造价值，这正是Excel Home 的目标之所在。

Let's do it better!

目录

第 1 章　别怕，解读公式我有妙招

第 2 章 认清公式返回的错误

圆圆的，而且发了芽的土豆，请举手

第 **3** 章　用函数统计和汇总数据

第 **4** 章　查找和引用数据的高手

第 **5** 章　公式中的王者——数组公式

以后你的名字
叫西红柿

第 6 章　另类的Excel公式——名称

第 7 章　在条件格式中使用公式

第 **8** 章　在数据有效性中使用公式

第1章 别怕，解读公式我有妙招

不要畏惧长公式

现实世界中，有这样一种公式，嵌套又嵌套，功能很强大，如下图所示这个用于从字符串中抠出数字的公式：

	B2	fx	{=LEFT(A2,MAX(IF(ISNUMBER(--LEFT(A2,ROW(INDIRECT("1:"&LEN(A2))))),ROW(INDIRECT("1:"&LEN(A2))))))}
	A	B	C D E F G H I J K
1	数据	左边的数字	
2	6789块	6789	
3	2008年北京奥运会	2008	
4	106.33毫升	106.33	
5	38元钱一千克	38	
6	2008年北京奥运会	2008	
7	1996年生于2月份	1996	
8			

看到这个公式，菜鸟们都觉得很厉害，羡慕得要死。可当试着去解读这个公式时，却又感觉无从着手，甚至头皮发麻。

这类长公式真的如想象中那样高深莫测、不接地气吗？

其实不然。再长的公式也由短公式"拼装"而成，理解了短公式，长公式自然也就懂了。而且Excel还准备了许多解读公式的工具，完全可以大幅降低解读长公式的难度。

准备好了吗？让我们一起来看看这些工具有什么神奇的功能吧。

第1节　解决难题，公式必定会变长

1.1.1　一个函数，解决不了所有问题

在学习和使用Excel的过程中，大家一定都听说过很多函数，也学习过一些函数的用法，并感受过函数给数据处理和分析带来的高效和便捷。但同时，大家一定也发现了，单个的函数只能完成一种特定的计算，而我们面临的总是千变万化的计算任务，如果每次都只使用一个函数，多半是搞不定这些问题的。

如果不信，大家可以试试，看能否用一个工作表函数，解决本章前言中从字符串里抠出数字的问题。

或者试试看，能否用一个工作表函数，就顺利取得活动工作表的标签名称。

尽管Excel拥有很多内置函数——有400多个呢，但不可否认，我们遇到计算问题的个数一定会远远多于这些函数的个数。

不同的问题，需求不完全相同，公式需要考虑的细节也会随之变多。对一些较为复杂的问题，虽然单独使用一个函数不能解决，但如果同时使用多个函数，就简单多了。比如，想取得活动工作表的标签名称，可以用图1-1的方法。

=MID(CELL("filename"),FIND("]",CELL("filename"))+1,255)

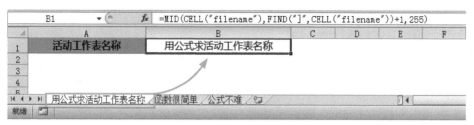

图1-1　求活动工作表的标签名称

考考你

　　本例的公式一共使用了3个函数，每个函数依次完成一项运算，你知道这个公式的计算过程及每一步的返回结果是什么吗？

　　想知道这个公式是怎样取到工作表标签名称的吗？手机扫一扫二维码，立即获得答案。

　　在本例的公式中，CELL函数本身也是MID函数和FIND函数的参数，而FIND函数也是MID函数的参数，类似这种，将一个函数设置为另一个函数的参数的用法，称为嵌套使用函数。

　　嵌套使用函数的公式，由于计算步骤增加，解决问题的能力也会变得越强。也正因为Excel允许嵌套使用函数，才让Excel的公式充满魅力。

1.1.2　嵌套函数，让公式威力大增

　　嵌套使用函数的公式，就像多架战斗机组成的战斗机队协同作战，让公式威力大增。

　　就像做数学题一样，对一个计算问题，Excel允许我们使用多个公式分步解决，也允许嵌套使用函数，用一个较长的公式解决。

　　只要不是出于特殊需要，如果用一个公式就能解决问题，我们当然不希望用多个公式，而且，多个简单公式也并非总是可以取代嵌套使用函数的长公式。

下面我们就举个例子，看怎样用多个公式和一个公式，分别求字符串"EXCELHOME"中包含的字母"E"的个数。

嵌套使用函数的公式，就是将解决问题的多个公式，按计算顺序合并为一个公式。无论用几个公式解决问题，确定解决问题的思路和步骤才是关键。

如果要求字符串"EXCELHOME"中包含的字母"E"的个数，可以先确定图1-2所示的思路。

EXCELHOME

用SUBSTITUTE函数将"EXCELHOME"中的所有"E"去掉　①　→ XCLHOM

9 ← ②　用LEN函数计算原字符串"EXCELHOME"包含的字符个数

用LEN函数计算去掉"E"后的字符串"XCLHOM"包含的字符数　③　→ 6

3 ← ④　计算出9和6的差值，差值就是字符串中字母"E"的个数

结束

图1-2　求包含字母"E"个数的思路

确定思路后，再使用合适的函数写出每个步骤的公式，就能得到多个公式分步解决的方法，如图1-3所示。

步骤	公式	说明	结果
		分步解决法	
❶	=SUBSTITUTE(A2,"E","")	将字符串中的E替换为空	XCLHOM
❷	=LEN(A2)	求原字符串包含的字符数	9
❸	=LEN(G3)	求替换后的字符串包含的字符数	6
❹	=G4-G5	计算两个字符串相差的字符数	3

图1-3　使用多个公式求字母"E"的个数

有了分步解决的公式，就可以参照公式的思路，得到一个公式的解决方法，如图1-4所示。

=LEN(A2)- LEN(SUBSTITUTE(A2,"E",""))

图1-4　使用一个公式求字母"E"的个数

很显然，相对使用多个公式的解决方法，使用一个公式的解决方法无论是对表格设计，还是数据管理，都占有很明显的优势。

嵌套使用函数的公式的确威力更强，但要写这样的公式却也不轻松。

如果大家这样想，那就错了。

其实，在学习和使用函数公式的过程中，难的不是写公式，而是确定解决问题的方法与策略。

写公式，就是一个拼装思路的过程。无论什么问题，只要找到了解决的思路，确定了解决问题的基本步骤和基本方法，公式也就水到渠成了。如果因为公式会用到很多函数而担心公式书写出错，不妨先将各步骤的公式写在不同的单元格中，待全部完成后，再将这些公式按计算的先后顺序组合成一个完整的公式。

对，就像搭积木一样简单。

1.1.3 利中有弊，长公式带来的阅读障碍

相信大家都接触或见过很多长公式吧？当你惊讶于这些公式具备的超能力时，是否也曾为解读和分析这些公式感到过头痛呢？

我就曾经在Excel Home论坛见过一些网友写出的，足以让我佩服八辈子的长公式，如图1-5和图1-6所示。

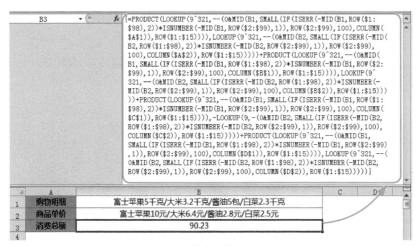

图1-5　我见过的长公式（1）

图1-6　我见过的长公式（2）

如果经常逛Excel Home论坛，类似的长公式相信大家都见过不少。

在这里，我不想讨论这两个例子中，数据管理的方法是否合理，也不想讨论这些超长公式的实用价值，或者是否还有简化和优化的余地。

我只想说，公式在变长的同时，一定也会给阅读和理解它带来障碍。

尽管我个人并不赞成在使用Excel的过程中，过度迷信公式，以至于写出一些超级长公式来解决问题，但是在真正应用时，我们却无法避免嵌套使用函数，无法避免编写或接触到一些结构较为复杂的长公式。

也正因为如此，怎样解读结构较为复杂的公式，才成为学习和用好Excel函数公式必修的一个课题。

第2节　分析公式，用好Excel准备的工具

1.2.1　了解函数，用好Excel自带的帮助文件

要读懂一个公式，首先得对公式中的各部分，如运算符、单元格及其引用样式、函数等有一个基本的了解。

> 连函数的用途及用法都不清楚，怎么可能理解由函数组成的公式呢？

所以，当在公式中遇到陌生的函数时，应通过各种渠道，了解函数的基本用法，这是解读和理解该公式的前提。

如果在分析公式时遇到陌生的函数，不妨先看看 Excel 自带的帮助文件对它的介绍，帮助文件是学习函数的最佳帮手，它记录了关于函数的用途、用法等最详细的信息。

1.2.2　拆解公式，弄清公式的结构

公式中各种乱七八糟的字符，看到就头昏脑涨。

其实要解读公式并不难，因为再长的公式，也是由多个简单的个体组成的，就像一台电脑的主机，无论它的外观是什么样，也是由电源、主板、CPU、硬盘、内存条等零部件组装而成的，将任意主机开箱拆卸，通过配件的搭配情况，就能大致了解这台主机的性能。

弄清了组成公式的个体，再来理解公式本身就简单了。

所以，要读懂一个公式，首先应从公式的结构入手，弄清公式由哪些函数或数据组成，每个函数的参数是什么，有什么用，返回什么结果等。

分析公式的结构，【编辑栏】是一个好地方。

在公式中，每个函数后都有一对用于填写函数参数的括号，括号中的内容是什么，函数的参数就是什么。

选中公式所在单元格，将光标定位到【编辑栏】中任意位置，公式中成对的括号就会显示为相同的颜色，如图1-7所示。

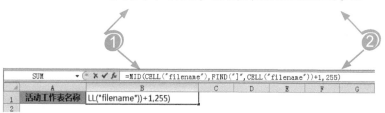

最外层的两个括号都是黑色，说明它们是一对，在
这对括号中的内容，就是最外层的MID函数的参数

图1-7　【编辑栏】中成对显示的括号

如果将光标定位到MID函数后的括号中（其他括号外），Excel就会在屏幕上显示MID函数的参数信息，如图1-8所示。

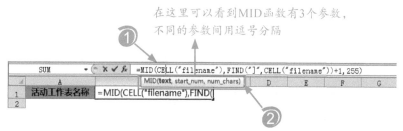

在这里可以看到MID函数有3个参数，
不同的参数间用逗号分隔

图1-8　查看MID函数的参数信息

用鼠标单击提示信息中的某个参数，Excel会在【编辑栏】中将该参数对应的内容抹黑，如图1-9所示。

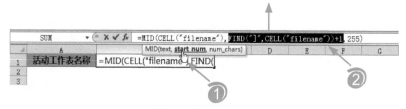

选择的是提示信息中的第2个参数，【编辑栏】中
被抹黑的部分就是MID函数的第2个参数

图1-9　查看公式中MID函数的第2个参数

如果我们遇到的是一个较复杂的长公式，就可以使用这种方法，从外往内对公式进行拆分，再由内到外逐层分析各个函数，待弄清公式中各部分的意图及计算结果后，再进行组合理解，这样，整个公式的思路和计算过程就清晰明了了。

1.2.3 在【函数参数】对话框中分段理解公式

【函数参数】对话框，是分析函数结构的另一个常用工具。

选中公式所在单元格，执行【公式】→【插入函数】命令（或单击【编辑栏】左侧的【插入函数】按钮 f_x），就可以在调出的【函数参数】对话框中，查看公式中函数的信息了，如图1-10所示。

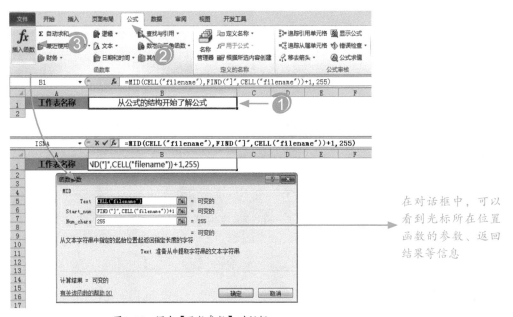

在对话框中，可以看到光标所在位置函数的参数、返回结果等信息

图1-10 调出【函数参数】对话框

在【编辑栏】中，光标的位置不同，【函数参数】对话框中显示的函数信息也不同，如果调出【函数参数】对话框后，发现其中显示的不是自己想分析的函数，只要在打开对话框的情况下，将光标定位到想分析的函数部分，对话框中的信息就会自动改变，如图1-11所示。

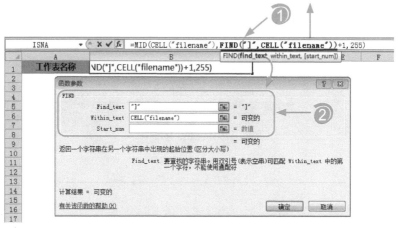

图1-11 更改【函数参数】对话框中显示的函数

可以在【函数参数】对话框中清楚地看到函数的每个参数是什么，返回什么结果，当公式中有多个函数时，还可以快速切换分析对象，这是使用【函数参数】对话框分析和解读公式的优势。

1.2.4 借助<F9>键查看公式的计算结果

在分析公式的过程中，经常需要查看某部分公式的计算结果，以了解公式的意图，或验证公式计算结果是否正确。

要实现这个目的，键盘上的<F9>键就是最佳的帮手。

只要在【编辑栏】中用鼠标选中待计算的公式部分，按一下<F9>键即可看到选中部分公式的计算结果，如图1-12所示。

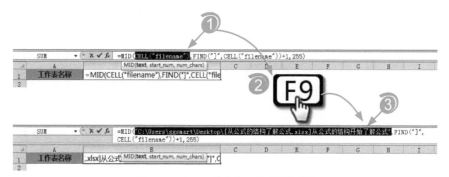

图1-12 用<F9>键查看公式的计算结果

借助<F9>键，能方便地查看公式中每个函数或某部分公式的计算结果，即时分析和解读公式，理解公式的思路，便于查找和修正公式中可能存在的错误。但有一点需要注意，当不再需要继续分析公式时，一定要单击【编辑栏】左侧的【取消】按钮（或按键盘上的<Esc>键），将公式恢复原样，如图1-13所示，否则Excel不会还原已经计算的公式。

图1-13 【编辑栏】左侧的【取消】按钮

值得注意的是，<F9>键的作用对象必须是公式中某个可以独立运算的部分，而不能是公式中的任意段落。

1.2.5 在【公式求值】对话框中分步查看公式的计算结果

> 复杂的公式计算步骤很多，真希望能有谁像老师给学生讲解作业那样，给我逐步分析、演示公式的计算过程。

如果想知道公式先算什么，后算什么，每一步返回什么结果，可以在【公式求值】对话框中查看，主要的操作步骤如下。

Step 1 选中公式所在单元格，执行【公式】→【公式求值】命令，调出【公式求值】对话框，如图1-14所示。

在这里可以看到保存在活动单元格中的公式，
其中带下划线的部分是下一步将计算的部分

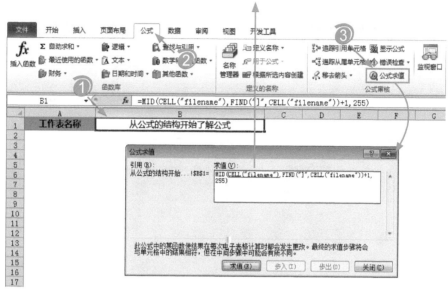

图1-14　调出【公式求值】对话框

Step 2 单击对话框中的【求值】按钮，Excel会自动计算带下划线的公式部分，并返回计算的结果，如图1-15所示。

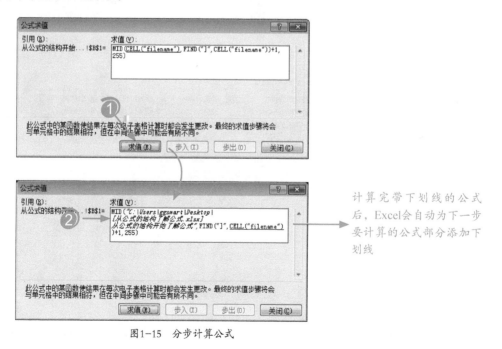

计算完带下划线的公式
后，Excel会自动为下一步
要计算的公式部分添加下
划线

图1-15　分步计算公式

接着单击【求值】按钮，Excel会逐步对公式进行计算，将公式每一步的计算结果呈现出来。直到【求值】按钮变为【重新启动】按钮，对话框中显示的就是公式的最终结果，如图1-16所示。

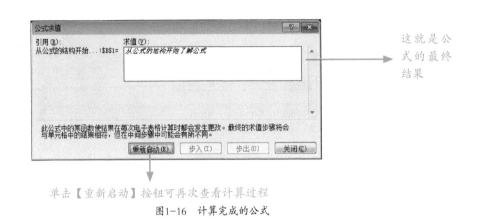

这就是公式的最终结果

单击【重新启动】按钮可再次查看计算过程

图1-16　计算完成的公式

1.2.6　分析和解读公式的其他工具

在功能区【公式】选项卡的【公式审核】组中，Excel准备了许多用于分析和解读公式的工具和命令，包含追踪公式引用的单元格、从属单元格、切换显示公式、监视窗口等，如图1-17所示。

图1-17　公式审核工具

这些工具或命令简单易懂，根据提示即可上手使用，快去试试吧。

1.2.7　遇到陌生字符，检查是否定义了名称

我在Excel Home的论坛和QQ群中，经常看到网友提出类似图1-18所示的问题。

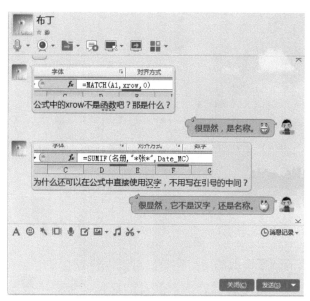

图1-18　网友的提问

"xrow"是什么？为什么可以在公式中直接使用汉字"名册"？

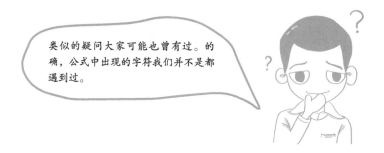

类似的疑问大家可能也曾有过。的确，公式中出现的字符我们并不是都遇到过。

它是函数吗？
可为什么在Excel的函数列表中找不到它？

=VLOOKUP(F2,CanZB,2,TRUE)

它是字符串吗？
可为什么没有写在英文双引号之间？

如果你也在公式中遇到了类似的陌生字符，可以先检查它是否是人为定义的"名称"。

按<Ctrl+F3>组合键调出【名称管理器】对话框，如果那串令我们疑惑的字符在对话框的名称列表中，如图1-19所示，那恭喜，我们找到答案了，公式中的陌生字符就是公式作者人为定义的一个名称。

图1-19　【名称管理器】中的名称

名称是被命名的公式，它就像我们给宠物取的昵称一样。如果在对话框中选中某个名称，【引用位置】文字框中显示的就是该名称对应的引用位置或数据，如图1-20所示。

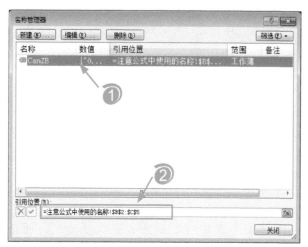

图1-20 在【名称管理器】对话框中查看名称

第3节 公式虽好，但不宜过度迷信

说点题外话吧，与解读公式无关，算是我学习和使用公式的一些心得吧。

函数的嵌套使用虽然增加了公式的长度，也增加了阅读和理解它的难度，但不得不承认，嵌套使用函数的公式总是能力超群，魅力无限的，这也是为什么会有无数人着迷于函数公式，花时间学习和研究它的原因。

虽然长公式能力超群，但也没必要对遇到的任何问题，都费尽心思去写一个能完美解决的超级公式。毕竟简单适用，才是我们的最终目的。

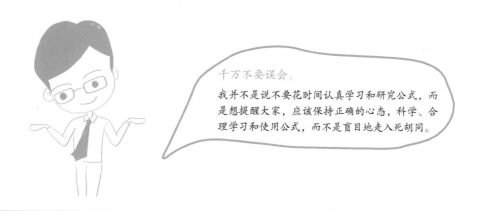

千万不要误会。

我并不是说不要花时间认真学习和研究公式，而是想提醒大家，应该保持正确的心态，科学、合理学习和使用公式，而不是盲目地走入死胡同。

1.3.1　必须明确一点，公式并不是万能的

学习函数公式的人，一旦掌握几个函数的用法，能写几个公式后，就会越发觉得Excel无所不能。

于是，巴不得将自己所有的问题都使用公式解决，从学习和训练思维的角度来看，这没什么问题。但在实际应用中，如果相比公式，还有其他更为简单便捷的办法，从解决问题这个最终的目的来看，花更多时间编写公式去解决岂不是徒增麻烦？

Excel的函数和公式只是用来解决问题的一种手段而已，使用它的目的只是为了简化操作，提高效率。

当然，我说不要过度迷信公式，并不是让大家放弃公式，而是让大家走出思维的误区，合理、多样化应用公式，实现工作效率的最大化。

1.3.2　不要什么问题都使用公式解决

对同一个问题，解决的方法往往不止一种。在众多的解决方案中，应该选择哪一种来解决问题？

我认为只选对的，不选"贵"的，什么方法更易于操作，更节约时间，就选择什么方法。图1-21就是一个例子。

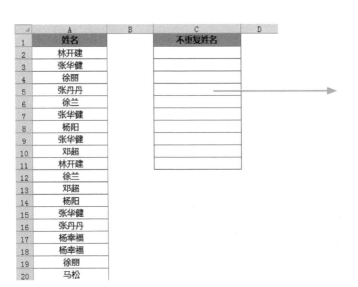

A2:A100中保存了许多可能重复的姓名，这些姓名的个数不定，应该用什么方法找到其中不重复的姓名，并将其写入C列中呢？

图1-21　获取不重复姓名

在Excel 中，提取不重复数据的方法很多，借助高级筛选、数据透视表都可以轻松实现，甚至在Excel 2007版本之后，Excel还专门准备了【删除重复项】的命令，让我们可以一键去掉数据中的重复项，如图1-22所示。

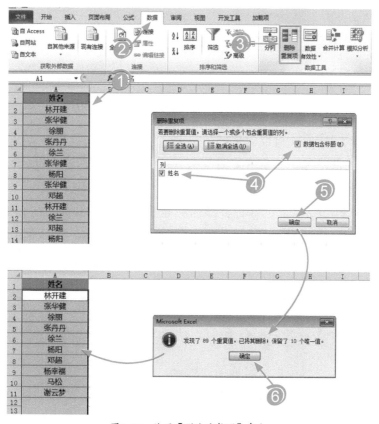

图1-22 使用【删除重复项】命令

一键即可去掉所有重复值，简单吧？但如果用公式来解决这一问题，公式会是什么样呢？让我们来看看解决的方法之一，如图1-23所示。

=INDEX(A:A,SMALL(IF(MATCH($A$2:$A$100,$A$2:$A$100,)

=ROW($1:$99),ROW($2:$100),2^20),ROW(1:1)))&""

图1-23 使用公式提取不重复数据

这个公式有点长，应该还可以简化。

但无论它是否还能简化，相信大家看完公式后都不会否认：构思、编写和调试这个公式的时间远远大于手动完成所需要的时间。

是的，既然Excel已经准备了各种各样的功能和命令，那我们还有什么理由把所有问题都交给公式来完成呢？这样，也太为难公式了，不是吗？

1.3.3 不要什么问题都使用一个公式解决

并不是所有问题，只使用一个公式都能解决。

如图1-24所示，如果想求A列中红色底纹单元格中的数值之和，只使用一个公式能解决吗？

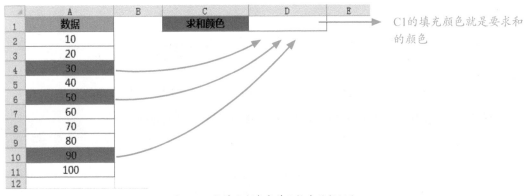

图1-24 按填充颜色求单元格中的数据和

是不是绞尽脑汁也没能想出这样的公式？但如果借助定义名称及辅助单元格，解决这一问题并不困难，主要的步骤如下。

Step 1 选中D1，定义一个名称"颜色"，将其引用位置设置为公式：

=GET.CELL(63,C1)

如图1-25所示。

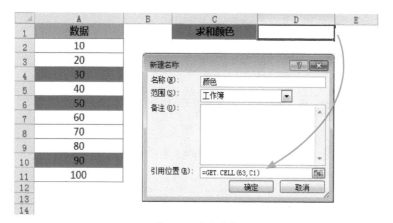

图1-25 定义名称

Step 2 返回工作表区域，在B2单元格写入公式：

=颜色

并将公式复制到同列的其他单元格中，如图1-26所示。

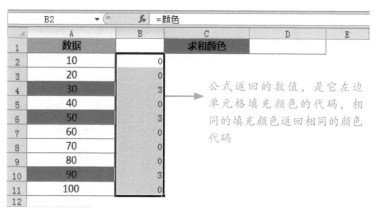

公式返回的数值，是它左边单元格填充颜色的代码，相同的填充颜色返回相同的颜色代码

图1-26 求单元格填充颜色的颜色代码

Step 3 在D1单元格中输入公式：

=SUMIF(B2:B11,颜色,A2:A11)

操作完成后即可看到求和的结果，如图1-27所示。

	D1			ƒx	=SUMIF(B2:B11, 颜色, A2:A11)	
	A	B	C	D	E	
1	数据		求和颜色	170		
2	10	0				
3	20	0				
4	30	3				
5	40	0				
6	50	3				
7	60	0				
8	70	0				
9	80	0				
10	90	3				
11	100	0				
12						

图1-27　按单元格填充颜色求数据之和

正因为借助名称和辅助列，才轻松解决了这一难题。想一想，如果不借助名称和辅助列，我们要费多少精力才能完成这样的统计？

虽然我强调，要尽量减少公式占用的单元格数量，但并不反对使用辅助列或辅助区域，相反，在某些问题中，辅助列发挥的作用非常大。

第2章 认清公式返回的错误

不要担心公式出错

根据"墨菲定律",任何一个公式都有可能出错,但大家不必为此担心。

因为每一种错误,Excel都会提示出错的原因,指引我们修正这些错误。

在这一章,我将给大家介绍这些知识。相信我,掌握这些技巧,一定会让你编写公式的能力再上一个台阶。

第1节　公式出错并不可怕

2.1.1　公式出错在所难免

为什么公式又出错了？我已经很细心了，为什么还会出错，为什么？

　　我想，没有人敢保证自己能不出现任何失误，一次就能写出绝对完美的公式。

　　公式的逻辑出现问题、写错函数名称、参数设置错误、括号不匹配、引用一个根本不存在的区域……有太多的原因可能会导致公式出错。

　　正如我们不可能一口气就写出一篇优秀的文章而不需做任何修改，我们编写的公式也可能会因为种种原因出现一些不可预知的问题。

　　公式出错在所难免，关键在于如何找到出错原因，并修正公式。

2.1.2　Excel拥有自我查错纠错的能力

你一定要相信，Excel远比我们想象得更"聪明"。很多时候，如果我们输入的公式存在问题，它是知道的。

当我们在单元格中输入一个公式后，Excel会先对这个公式进行检查，如果公式不符合语法规则（如输入的括号不匹配，函数的参数设置错误等），在确认输入后它就会提示我们公式可能存在的问题，如图2-1和图2-2所示。

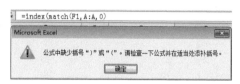

图2-1　公式中的括号不匹配

图2-2　在Excel中输入错误的公式

我们可以根据这些提示，检查并修正公式存在的错误。对某些特殊的错误，Excel甚至还能对其自动更正，如图2-3所示。

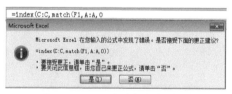

图2-3　Excel给出的自动更正提示

但毕竟Excel不知道公式要执行什么计算，完成什么任务，它只是根据现有公式的内容猜测公式的意图，所以自动更正后的公式未必就是我们想要的公式。因此，当遇到这样的提示后，建议不要一味地单击【是】来让Excel帮我们更正公式错误，而应该仔细检查公式中存在的问题，手动更正它。

第2节　公式可能返回的错误值

虽然Excel对公式拥有自我查错和纠错的能力，但它却并不能发现公式中所有可能存在的错误，也不是对所有错误都能给出正确的修改意见。

鉴于此，对于公式中可能存在的错误，很多时候都需要我们手动查找和修正它，这就需要我们先了解公式可能存在的错误及产生错误的原因。

根据公式错误产生的原因，可以将Excel中的错误公式简单分为两类：一类是返回错误值的公式，一类是返回错误计算结果的公式。

2.2.1 返回错误值的公式

Excel中可能出现的错误值共有8种，如图2-4所示。

Excel中的错误值	#DIV/0!
	#VALUE!
	#N/A
	#NUM!
	#REF!
	#NAME?
	#NULL!
	##############

图2-4 Excel中的8种错误值

这些错误值，大多是由于公式计算错误产生，如图2-5所示即为一例。

公式返回错误值"#N/A"，是因为VLOOKUP函数在A列中找不到要查询的工号"A1111"

图2-5 返回错误值的公式

公式返回错误值的原因很多，如：函数名称书写错误，函数参数设置错误，工作表中的数据存在问题，等等。

不同的错误值，产生的原因并不相同，关于这些原因，我们会在本章第3节中另做介绍。

2.2.2　返回错误计算结果的公式

这类公式虽然正常计算了，但却返回一个与实际不符的错误答案，如图2-6所示。

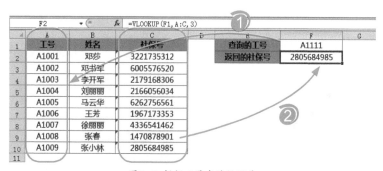

图2-6　根据工号查询社保号

查询的工号是"A1111"，可公式返回的却是工号"A1009"对应的社保号，很显然，这是一个错误的结果。

公式正常计算，却返回与期望不符的结果，我们将类似的公式错误称为逻辑错误。

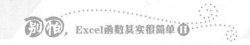

很多原因都可能导致公式出现逻辑错误，如在公式中使用了错误的运算符，设置了错误的运算顺序，使用了错误的函数参数……

存在逻辑错误的公式，就公式本身而言，语法上并没有任何问题。但就像我们使用"=2+3"去求"2的3倍"一样，尽管能求出"=2+3"的计算结果，但它的计算结果却不是2的3倍。

所以，公式出现逻辑错误，根本原因就是用户编写了一个不能解决问题的错误公式。

第3节　公式返回错误值，一定有原因

正因为不同的错误值产生的原因各不相同，所以，正确认识错误值，将有利于帮助我们找到公式出错的原因，以便能对症下药，修正公式。

2.3.1　#DIV/0!错误——在公式中使用了数值0作除数

0不能作除数，Excel中也不例外。

但Excel远非我们这么暴力，如果我们给它一个使用0作除数的公式（如"=9/0"）让它计算，它不会将出题的我们狂揍一顿，只会通过返回"#DIV/0!"告诉我们："你的公式中使用了0作除数，我无法完成计算"，如图2-7所示。

图2-7　用0作除数的公式

有一点需要注意，在算术运算中，公式中引用的空单元格会被当作数值0处理，如果将空单元格设置为除数，公式也会返回"#DIV/0!"错误，如图2-8所示。

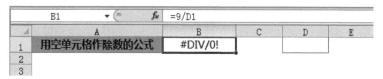

图2-8 使用空单元格作除数的公式

了解这些信息后，当公式返回#DIV/0!错误值时，知道应该检查哪些地方了吗？对，没错，首先应检查是否在公式中使用了0或空单元格做除数。

2.3.2 #VALUE!错误——在公式中使用了错误类型的数据

正如不能将鸡放在水里养，将鱼关在鸡笼里一样。

在Excel中，不同类型的数据，能进行的运算也不完全相同。因此，多数时候，Excel并不允许我们胡乱将不同类型的数据凑在一起，执行同一种运算。

比如我们不能在公式中将字符串"abc"和数值100相加，否则Excel就会通过错误值"#VALUE!"进行提醒，如图2-9所示。

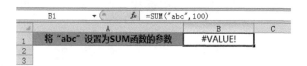

图2-9 将文本"abc"与数值100相加

2.3.3 #N/A错误——提供的数据可能对函数或公式不可用

如果公式返回"#N/A"错误，可能是因为函数或公式缺少可用的数据。

最常见的情况是：当VLOOKUP、HLOOKUP、MATCH、LOOKUP等函数无法查询到与查找值匹配的数据时，就会返回错误值"#N/A"，如图2-10和图2-11所示。

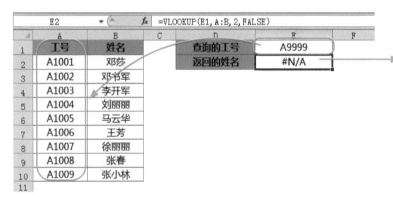

A列中没有要查找的工号"A9999"，Excel认为我们提供的查找值不是可用数据，于是通过返回错误值"#N/A"告诉我们

图2-10 VLOOKUP函数返回的错误值

MATCH函数找不到匹配值时，也会返回错误值"#N/A"

图2-11 MATCH函数返回的错误值

VLOOKUP、MATCH函数都返回错误值"#N/A"，是因为在查找的区域A:A中，没有我们给函数设置的查找值"A9999"。

就像让我们在一堆苹果中找大香梨，能找到吗？如果让Excel查找一个不可能找到的数据，错误值"#N/A"就是它给我们的答案。

让我找一个根本不存在的数据，臣!妾!做!不!到!啊！！！

2.3.4　#NUM!错误——设置了无效的数值型函数参数

如果函数需要数值参数，但我们设置的是一个无效的数值，函数就会返回"#NUM!"错误，如图2-12所示。

负数没有平方根，所以SQRT函数的参数不能设置为负数

DATE函数的第1参数不能设置为负数

=SQRT(-4)　　　　　　　　　　=DATE(-2015,5,9)

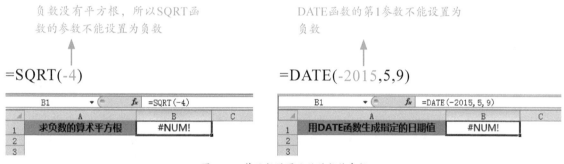

图2-12　替函数设置无效的数值参数

除此之外，如果公式返回结果超出Excel可处理的数值范围，公式也会返回"#NUM!"错误，如图2-13所示。

Excel只能处理介于-10^307 和10^307 之间的数值。可9*10^308在这个范围之外

=9*10^308

一个矿泉水瓶只能装500毫升水，我们能把1000毫升水全装进去吗? 10^307超出了Excel公式计算中允许的最大正数，所以公式返回"#NUM!"错误

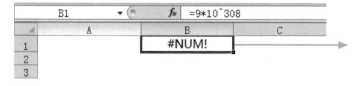

图2-13　公式返回结果超出Excel可处理的数值范围

2.3.5 #REF!错误——公式中可能使用了无效的引用

返回"#REF!"错误的原因主要有两种：一是删除了公式中原来引用的单元格，二是在公式中引用了一个根本不存在的单元格。

　　如果删除公式引用的单元格，该单元格就不存在了，公式中的引用也会随之变成一个无效引用，从而导致公式返回"#REF!"错误，如图2-14所示。

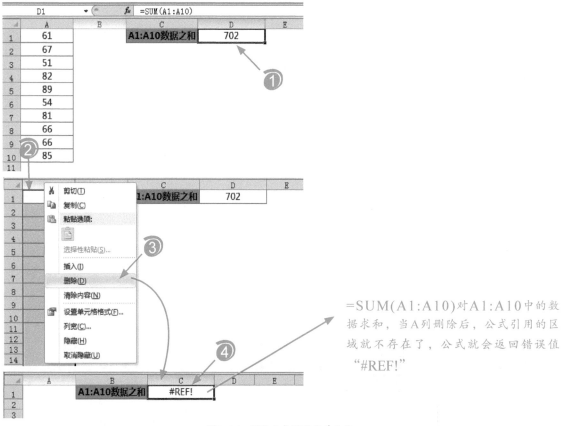

=SUM(A1:A10)对A1:A10中的数据求和，当A列删除后，公式引用的区域就不存在了，公式就会返回错误值"#REF!"

图2-14　删除公式引用的单元格

如果"#REF!"错误是因为删除单元格产生，那公式中原来引用的区域也会变为"#REF!"，如图2-15所示。

图2-15　删除引用区域后的公式

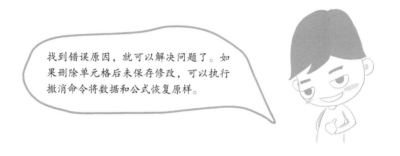

找到错误原因，就可以解决问题了。如果删除单元格后未保存修改，可以执行撤消命令将数据和公式恢复原样。

如果没有删除公式引用的单元格，公式仍返回"#REF!"错误，那可能是在公式引用了一个根本不存在的单元格，如图2-16所示。

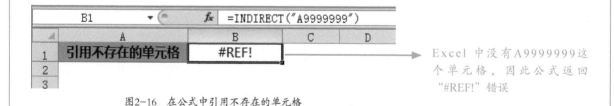

图2-16　在公式中引用不存在的单元格

提示

INDIRECT函数可以将形如单元格地址的文本字符串转为其对应的引用，大家可以阅读第4章第2节中的内容来学习该函数的用法。

2.3.6　#NAME?错误——Excel在公式中遇到了不认识的字符

如果公式中包含Excel不认识的文本字符，公式就会返回"#NAME?"错误。

> 如果公式中的文本没有写在英文双引号间，Excel将把它识别为单元格引用、名称或函数。

　　如果公式中的文本字符没加英文半角双引号，而这个文本既不是函数名，也不是单元格引用或定义的名称，那公式就可能会返回"#NAME?"错误值，如图2-17和图2-18所示。

COUNIF是什么？Excel翻遍所有资料也没找到它，不知道应该怎么处理它，只好通过错误值"#NAME?"告诉我们

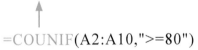

=COUNIF(A2:A10,">=80")

	A	B	C	D	E
			fx	=COUNIF(A2:A10,">=80")	
	A	B	C	D	E
1	数据		达到80的数值个数	#NAME?	
2	a				
3	19				
4	81				
5	b				
6	50				
7	c				
8	22				
9	11				
10	100				
11					

图2-17　公式中错误的函数名称

A2A10既不是单元格引用，也不是函数，在名称列表中也没有它，Excel不知道怎么处理它，所以返回错误值"#NAME?"

=SUM(A2A10)

图2-18 公式中错误的单元格引用

了解这些信息后，当公式返回错误值"#NAME?"时，可以检查函数名称、单元格引用、名称名是否拼写正确，看看是否所有的文本都写在了英文半角双引号间。

2.3.7 #NULL!错误——公式引用的多个区域没有公共区域

如果公式返回错误值"#NULL!"，可能是因为在公式中使用了交叉运算符（空格），但运算符左右两边的区域没有公共部分，如图2-19所示。

A2:A10和C2:C10两个区域之间是交叉运算符（空格），运算将返回这两个区域的公共区域

=SUM(A2:A10 C2:C10)

因为A2:A10和C2:C10不存在公共区域，SUM函数不知道对哪个区域的数据求和，所以返回错误值"#NULL!"

图2-19 不存在公共区域的两个区域

对返回错误值"#NULL!"的公式，首先应检查是否在公式中使用了交叉运算符，交叉运算符是否使用恰当。

有一点需要注意：如果一个公式返回错误值，再让该公式参与其他计算时，计算结果也将返回错误值。所以，无论公式返回什么错误值，都应该仔细分析、检查公式中各个部分是否设置正确。

2.3.8 #####错误——列宽不够或输入了不符合逻辑的数值

如图 2-20所示，我没有在单元格中输入"#"，为什么所有单元格都显示"#"？Excel，你这是在闹什么鬼？

	A	B	C	D	E
1	销售员	售目际完成率			
2	张华	##	##	####	
3	李玉芳	##	##	####	
4	王艳丽	##	##	####	
5	罗小叶	##	##	####	
6	张轩	##	##	####	
7	邓佳成	##	##	####	
8	刘小玉	##	##	####	
9	万华华	##	##	####	
10	叶小春	##	##	####	
11					

这些"#"是怎么来的？单元格中的数据到哪里去了？

图2-20　显示错误值#的数据表

其实"#"错误产生的原因比其他7种错误产生的原因更简单，也更容易修正，只有两种原因可能导致公式返回错误值"#"。

单元格列宽不够

如果单元格中的数值位数较多而列宽设置较小，就会出现将一座大山装进茶杯的尴尬。所给的空间不足以将"装"入其中的内容全部显示出来，Excel就会在单元格中显示错误值"#"。

要解决这一问题，调整这些单元格所在列的列宽即可，如图2-21所示。

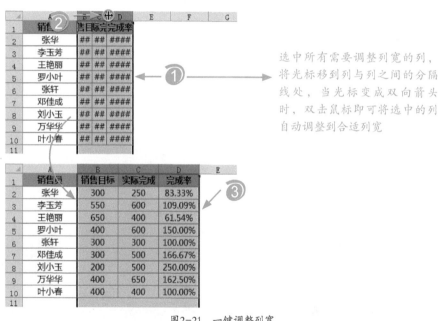

选中所有需要调整列宽的列，将光标移到列与列之间的分隔线处，当光标变成双向箭头时，双击鼠标即可将选中的列自动调整到合适列宽

图2-21　一键调整列宽

一键调整列宽或行高，这个技巧很多人都不知道哦。

● 在单元格中输入了不符合逻辑的数值

负数不能显示为日期样式，所以负数对被设置为日期格式的单元格而言，就是不符合逻辑的数值。如果在设置为日期格式的单元格中输入负数，无论将列宽调为多少，单元格都会显示错误值"#"，如图2-22所示。

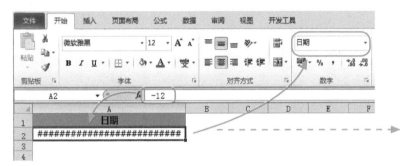

日期和时间都是正数，当输入负数后，Excel不知道它对应的日期值或时间值是多少，所以显示错误值"#"

图2-22　在日期格式的单元格中输入负数

2.3.9　让错误检查规则帮助我们了解错误真相

8种错误值，要记住每种错误值产生的原因也真不容易。

不用担心记不住，因为根本没必要死记它们。

不用死记，是因为Excel会对输入单元格中的公式进行错误检查。如果公式返回错误值，选中公式所在单元格，Excel就会在单元格旁边显示一个错误检查按钮，如图2-23所示。

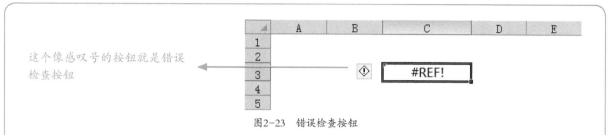

图2-23　错误检查按钮

将鼠标指针移到这个按钮上，停留2~3秒，Excel就会自动显示关于该错误值的信息，如图2-24所示。

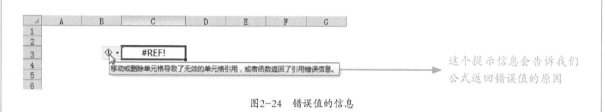

图2-24　错误值的信息

不同的错误显示的信息并不相同，如图2-25所示。

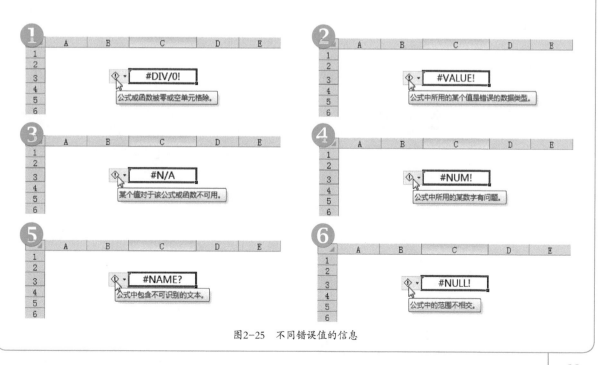

图2-25　不同错误值的信息

对于"#"错误，虽然选中所在单元格不会显示错误检查按钮，但Excel也会显示关于它的信息，如图2-26所示。

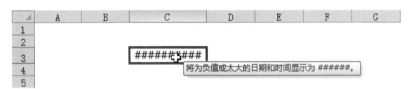

图2-26 "#"错误的提示信息

单击错误检查按钮，Excel就会显示一个菜单，可以选择执行其中的某条命令，来了解该错误值的其他详细信息或对该错误进行处理，如图2-27所示。

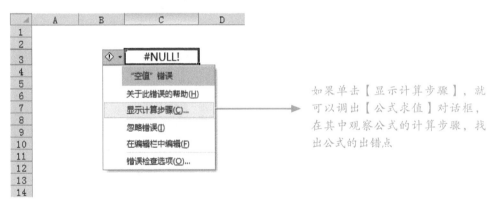

如果单击【显示计算步骤】，就可以调出【公式求值】对话框，在其中观察公式的计算步骤，找出公式的出错点

图2-27 错误检查菜单

为什么选中错误值所在单元格后，没有显示错误检查按钮？

没有显示错误检查按钮，可能是设置不允许Excel进行后台错误检查，我们可以重新设置它，操作步骤如图2-28所示。

图2-28 设置允许后台错误检查

2.3.10 隐藏公式返回的错误值

了解前文的信息后，我们知道：公式返回错误值一定有原因，但返回错误值并不意味公式错误。

但错误值的存在，在某种程度上却影响了工作表的美观，如图2-29所示。

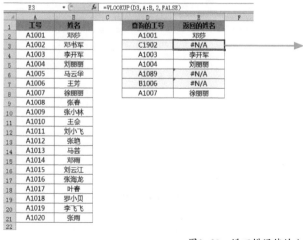

公式返回"#N/A"错误，是因为A列中没有要查询的工号，并非公式出错。但公式返回的错误值却影响了表格的美观。

图2-29 返回错误值的公式

我们不想让公式返回错误值，可是预先并不知道哪些工号查找不到，需要后期手动删除错误值吗？

当然不必。

如果确定输入单元格的公式没有问题，想隐藏公式返回错误值的方法很多，比如可以借助IF函数和信息函数解决，方法如图2-30所示。

=IF(ISNA(VLOOKUP(D3,A:B,2,FALSE)),"",VLOOKUP(D3,A:B,2,FALSE))

图2-30　隐藏公式返回的"#N/A"错误

公式使用ISNA函数判断VLOOKUP函数的返回值是否是"#N/A"错误，再根据判断结果选择返回空字符""，还是VLOOKUP函数的查询结果。

ISNA函数用于判断参数中的值是否为"#N/A"错误，与之类似的函数还有ISERR和ISERROR，其作用及用途如表2-1所示。

表2-1　检测错误值的信息函数

函数名称	函数说明
ISNA	检测参数中的值是否为#N/A错误，如果是，函数返回TRUE，否则返回FALSE
ISERR	检测参数中的值是否为#VALUE!、#REF!、#DIV/0!、#NUM!、#NAME? 或 #NULL! 错误（不包含#N/A错误），如果是，函数返回TRUE，否则返回FALSE
ISERROR	检测参数中的值是否为任意错误值（#N/A、#VALUE!、#REF!、#DIV/0!、#NUM!、#NAME? 或 #NULL!），如果是，函数返回TRUE，否则返回FALSE

三个信息函数的使用效果如图2-31所示。

1 =IF(ISNA(A6),"",A6)

B6 =IF(ISNA(A6),"",A6)

	A	B
1	数据	隐藏错误
2	邓莎	邓莎
3	#DIV/0!	#DIV/0!
4	刘丽丽	刘丽丽
5	2015/5/10	42134
6	#N/A	
7	#REF!	#REF!
8	13987890987	13987890987
9	#NAME?	#NAME?
10	ExcelHome	ExcelHome
11	#REF!	#REF!
12	#NUM!	#NUM!
13	A1012	A1012
14	#VALUE!	#VALUE!

2 =IF(ISERR(A6),"",A6)

B6 =IF(ISERR(A6),"",A6)

	A	B
1	数据	隐藏错误
2	邓莎	邓莎
3	#DIV/0!	
4	刘丽丽	刘丽丽
5	2015/5/10	2015/5/10
6	#N/A	#N/A
7	#REF!	
8	13987890987	13987890987
9	#NAME?	
10	ExcelHome	ExcelHome
11	#REF!	
12	#NUM!	
13	A1012	A1012
14	#VALUE!	

3 =IF(ISERROR(A6),"",A6)

B6 =IF(ISERROR(A6),"",A6)

	A	B
1	数据	隐藏错误
2	邓莎	邓莎
3	#DIV/0!	
4	刘丽丽	刘丽丽
5	2015/5/10	42134
6	#N/A	
7	#REF!	
8	13987890987	13987890987
9	#NAME?	
10	ExcelHome	ExcelHome
11	#REF!	
12	#NUM!	
13	A1012	A1012
14	#VALUE!	

图2-31 用公式隐藏不同的错误值

如果大家使用的是Excel 2007及以上版本，要隐藏所有公式返回的错误值时，还可以使用IFERROR函数，这样会让公式更简洁，如图2-32所示。

=IFERROR(A2,"")

B2 =IFERROR(A2,"")

	A	B	C
1	数据	隐藏错误	
2	邓莎	邓莎	
3	#DIV/0!		
4	刘丽丽	刘丽丽	
5	2015/5/10	42134	
6	#N/A		
7	#REF!		
8	13987890987	13987890987	
9	#NAME?		
10	ExcelHome	ExcelHome	
11	#REF!		
12	#NUM!		
13	A1012	A1012	
14	#VALUE!		
15			

图2-32 使用IFERROR函数隐藏错误值

IFERROR函数只有两个参数，第一个参数是要检测是否返回错误值的公式、单元格等，如果第一个参数不返回错误值，函数返回第一参数，否则返回第二参数的值，等同于公式：

=IF(ISERROR(A26),"",A2)

第4节　修正返回错误结果的公式

如果公式返回的是错误结果，说明公式本身一定存在问题，原因通常是公式的计算逻辑有误，使用了错误的运算符，指定了错误的运算顺序，使用了不恰当的函数或者函数使用不当等。

如果公式存在这类错误，Excel并不会给我们任何提示，因此，这类错误最难被发现，也最不容易被修正。所以，需要我们认真分析、检查和验算编写的公式。

2.4.1　检查函数的参数是否设置正确

对图2-33中公式返回的错误结果，估计我们都曾经困惑过。

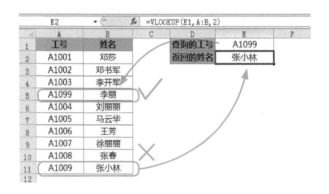

图2-33　根据工号查询姓名

查询的工号是"A1099"，为什么VLOOKUP返回的姓名不是"李丽"，而是"张小林"？函数没有用错，数据源也没有问题，可公式为什么返回错误的结果？

这个公式返回错误结果的原因，是因为VLOOKUP函数的参数使用不当。

在本例中，如果想返回与查询工号完全匹配的姓名，应该使用VLOOKUP函数精确匹配的查询方式，将公式写成：

=VLOOKUP(E1,A:B,2,**FALSE**)

效果如图2-34所示。

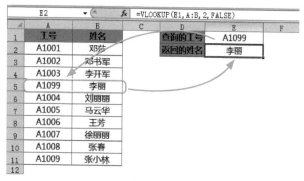

图2-34 根据工号查询姓名

而图2-33中的公式 "=VLOOKUP(E1,A:B,2)" 省略了VLOOKUP函数的第4参数，函数将按模糊匹配的方式进行查找，所以返回了错误的结果。

2.4.2 检查是否使用了错误的引用样式

按条件求和，SUMIF函数应该是最常用的函数吧，如图2-35所示为使用该函数求所有 "圆珠笔" 的销售总量的方法。

=SUMIF(B2:B10,E2,C2:C10)

图2-35 求圆珠笔的销售总量

我们都习惯使用填充的方式将具有相同计算规则的公式复制到其他单元格中。图2-35中的公式没有任何问题，但如果用填充的方式将其复制到其他单元格后，复制所得公式的计算结果就不一定正确了，如图2-36所示。

图2-36　复制得到的公式返回错误的结果

原本正确的公式，为什么复制到其他单元格后就出了问题？

仔细对比F2和F3中的两个公式，就可以找到出错原因。

F2中的公式：

=SUMIF(**B2:B10**,E2,**C2:C10**)

F3中的公式：

=SUMIF(**B3:B11**,E3,**C3:C11**)

在两个公式中，SUMIF函数的第1参数和第3参数都不相同，这也就是为什么复制得到的公式不返回铅笔销售总量的原因。而导致这一切的根本原因，就是在F2单元格的公式中，B2:B10和C2:C10使用了相对引用，而不是绝对引用。

如果公式中的单元格地址没有使用正确的引用样式，尽管一开始编写的公式是正确的，但将其复制到其他单元格后，因为参与计算的区域可能会发生改变，公式就可能返回与期望不符的结果。

在本例中，如果需要将F2单元格中的公式复制到同列其他单元格中，公式应写为：

=SUMIF(**$B$2:$B$10**,E2,**$C$2:$C$10**)

或

=SUMIF(**B$2:B$10**,E2,**C$2:C$10**)

2.4.3　检查公式的运算顺序是否设置正确

"=5*(3+2)"和"=5*3+2"这两个公式的计算结果不同，是因为公式的计算顺序不同。

如果一个公式需要执行多步计算，但却设置了错误的运算顺序，就可能会返回错误的结果，如图2-37所示即为一例。

=IFERROR(LOOKUP(1,**0/A2:A11=E1**,B2:B11),"未找到")

图2-37　根据工号查询姓名

> 数据表中明明存在工号为"A1099"的记录，可公式为什么查找不到？

处理这个公式时，Excel会先计算公式中的"0/A2:A11"，但实际我们希望公式先计算"A2:A11=E1。公式计算顺序与期望的顺序不符，是导致公式出错的原因。

对计算顺序设置错误的公式，可以使用括号改变其运算顺序，如本例中的公式应写为：

=IFERROR(LOOKUP(1,**0/(A2:A11=E1)**,B2:B11),"未找到")

效果如图2-38所示。

	E2	▼	fx	=IFERROR(LOOKUP(1,0/(A2:A11=E1),B2:B11),"未找到")				
	A	B	C	D	E	F	G	H
1	工号	姓名		查询的工号	A1099			
2	A1001	邓莎		返回的姓名	李丽			
3	A1002	邓书军						
4	A1003	李开军						
5	A1099	李丽						
6	A1004	刘丽丽						
7	A1005	马云华						
8	A1006	王芳						
9	A1007	徐丽丽						
10	A1008	张春						
11	A1009	张小林						
12								

图2-38 根据工号查询姓名

提示

　　LOOKUP函数是一个查询效率特别高、应用特别广泛的函数，有关该函数及本例中公式的详细介绍，可以阅读第4章第1节中的相关内容。

2.4.4 检查是否按要求输入数组公式

　　如果一个公式是数组公式，但我们未按输入数组公式的方法——按<Ctrl+Shift+Enter>组合键确认输入，那公式就可能返回错误的结果或错误值，如图2-39所示。

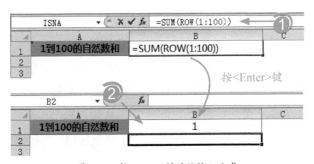

图2-39 按<Enter>键确认输入公式

相同的公式，如果我们按<Ctrl+Shift+Enter>组合键确认输入，结果就会不一样，如图2-40所示。

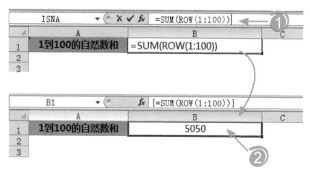

图2-40　按<Ctrl+Shift+Enter>组合键输入公式

不同的输入方式，公式返回的结果不同，是因为公式"=SUM(ROW(1:100))"是一个数组公式，如果按输入普通公式的方法输入，Excel只会按普通公式的运算方式去处理这个公式，导致公式返回错误结果。

所以，要想让公式正常计算，应保证使用正确的方式输入它。

提示

数组公式可以说是Excel公式中的王者，使用它可以解决许多普通公式很难或不能解决的问题，在第5章中我们会和大家一起学习数组公式的用法。

2.4.5　检查数据源是否存在问题

如果输入的公式没有任何问题，可公式仍然没有返回正确结果，可以检查一下数据源，看公式引用的数据是否存在问题。

如图2-41所示，就是一个因数据源存在问题，导致公式计算出错的例子。

=COUNTIF(B2:B10,"女")

图2-41　统计女生个数

本例中的公式统计结果与实际结果不符，就是因为B2:B10中的数据存在问题，可以使用LEN或其他函数进行检查和验证，如图2-42所示。

$$=LEN(B2)$$

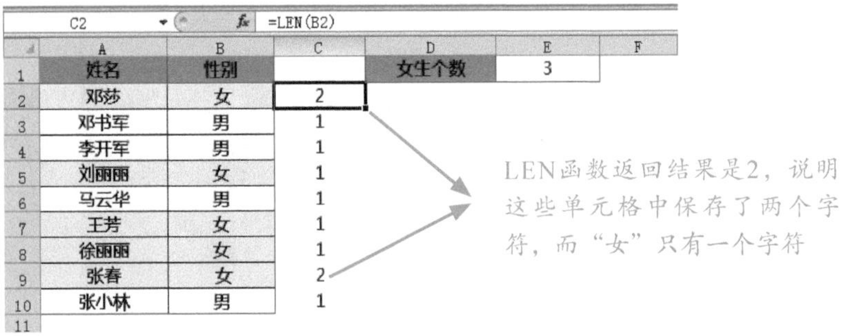

图2-42　用LEN函数求单元格中的字符个数

单元格中保存的字符数与肉眼看到的不相符，选中这类单元格，我们可能会在编辑栏中发现多出来的字符，如图2-43所示。

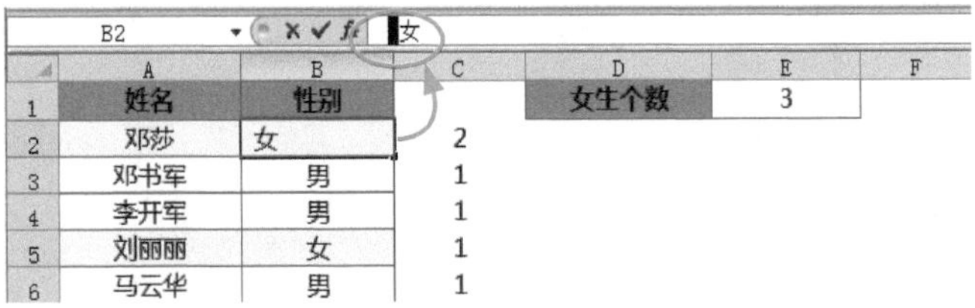

图2-43　数据中包含的空格

实际保存的数据与要统计的数据不同，在使用COUNTIF函数统计时，这些记录并不会被COUNTIF函数计入总数。

所以，规范的数据源，是保证公式计算正确的前提。

导致公式出错的原因还有很多，这里不能一一枚举。但无论是何种原因导致公式出错，都需要认真解读、分析公式中的各个部分，看在编写公式时思路是否走入了误区，公式是否违背了语法规则，耐心找到出错点，再进行修正。

第3章 用函数统计和汇总数据

Excel能完成的运算和统计远远超出我们的想象

多年前，单位需要做一个地区各年龄段人口受教育情况的统计表。

现有的花名册中，已经保存了所有人口包含周岁、受教育程度等详细信息，当时我和同事们使用的方法是：在周岁列筛选岁数"20"，在文化程序列筛选"初中"，然后在状态栏查看记录数，将结果填入表格，接着再筛选"高中""大专""本科"……待20岁的统计完成后，再接着筛选21岁……

爬格子式的统计方法，让我们5个人加班数了近一周。

后来我才知道，Excel中有很多可用来完成类似统计和汇总的函数，如COUNTIF、COUNTIFS等，每当想起那段往事，我便羞愧难当。

Excel能做的事远远超出我的想象，多么痛的领悟啊。

那么，除了《别怕，Excel函数其实很简单》中介绍过的COUNTIF、SUMIF等函数外，还有哪些常用的统计函数需要学习和掌握呢？让我们一起来看看……

圆圆的，而且发了芽的土豆，请举手

3.1.1　为什么要使用SUMPRODUCT函数

在使用Excel的过程中，我们经常会遇到类似图3-1和图3-2所示的统计问题。

	A	B	C	D	E	F	G	H
1	销售员工	商品名称	销售数量		销售员工	商品名称	销售总量	
2	张三	电视机	2		张三	电视机		
3	李四	电视机	3					
4	张三	电冰箱	8					
5	李四	手机	10					
6	张三	手机	5					
7	李四	电饭锅	6					
8	张三	电饭锅	9					
9	李四	手机	11					
10	张三	电视机	2					
11	李四	电视机	4					
12								

用什么方法可以求张三销售的电视机总数量？

图3-1　求张三销售的电视机总数量

只有姓名是"张三"，商品名称是"电视机"的销售数量才能参与求和运算，求和的条件有两个，如果用SUMIF函数解决，却只能设置一个求和条件，怎么办？

	A	B	C	D	E	F	G
1	姓名	周岁	性别		达到60岁的女性人数		
2	邓莎	46	女				
3	邓书军	31	男				
4	李开军	78	男				
5	李丽	58	女				
6	刘丽丽	66	女				
7	马云华	41	男				
8	王芳	79	女				
9	徐丽丽	34	女				
10	张春	41	女				
11	张小林	71	男				
12							

年龄达到60岁且性别是"女"的记录有多少条？

图3-2　求年龄达到60岁的女性人数

又要考虑年龄，又要考虑性别，统计的条件有两个，COUNTIF函数解决不了，怎么办？

　　如果你使用的是Excel 2007及以上版本的Excel，要解决这两个问题，可以使用《别怕，Excel函数其实很简单》中介绍过的SUMIFS和COUNTIFS函数解决。

可是如果我们，或者和我们有数据交换的人还在使用Excel 2003，没有这些函数怎么办？

　　Excel 2003没有包含SUMIFS函数和COUNTIFS函数，为了保持最大限度的兼容性，我们常常使用SUMPRODUCT函数来解决类似的多条件求和与多条件计数问题。

　　接下来，就让我们一起来看看SUMPRODUCT函数都有些什么功能吧。

拓展阅读

　　Excel的文件格式在Excel 2007问世时进行了一次大的革命，即Excel 97～Excel 2003使用的是同种文件格式，而Excel 2007～Excel 2016使用的是另一种新格式，Excel 2003以及更早期版本的Excel无法打开由Excel 2007及更新版本Excel创建的文件，如果试图用Excel 2003打开新格式的文件，就会看到如图3-3所示的提示。

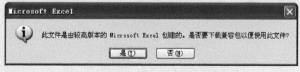

图3-3　用Excel 2003打开新格式的文件

如果希望Excel 2003能打开新格式的Excel文件，有两种办法：一是根据提示，下载安装兼容补丁程序；二是使用Excel 2007以及更新版本Excel，用图3-4所示的方法将文件另存为旧格式，然后再发送给Excel 2003的用户打开。

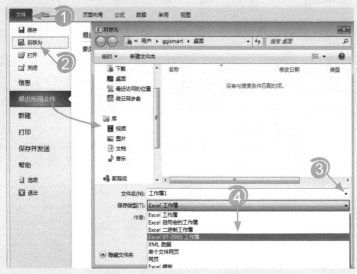

图3-4　将文件另存为旧文件格式

但是，无论使用哪种方法，如果文件中使用了Excel 2003不包含的函数，都会导致公式在Excel 2003中无法正常运算，我们会看到这样或那样的警告提示窗口，如图3-5和图3-6所示。

图3-5　提示公式可能无法正常计算的对话框（1）

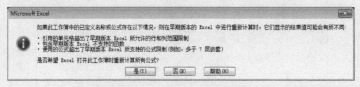

图3-6　提示公式可能无法正常计算的对话框（2）

3.1.2 SUMPRODUCT函数的计算规则

SUMPRODUCT函数主要用来求几组数据的乘积之和，在使用时，可以给它设置1到255个参数。

◉ 只给SUMPRODUCT函数设置一个参数

如果只给SUMPRODUCT函数设置一个参数，函数将计算参数中所有数值的和，如图3-7所示。

=SUMPRODUCT(A2:A6)

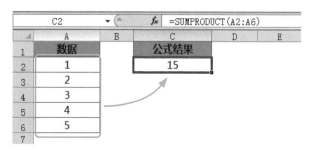

图3-7 设置一个参数的SUMPRODUCT函数

该公式等同于公式：

=A2+A3+A4+A5+A6

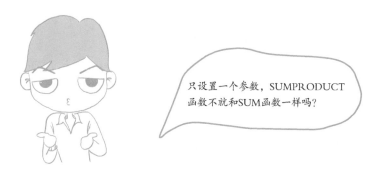

只设置一个参数，SUMPRODUCT函数不就和SUM函数一样吗？

没错，如果只给SUMPRODUCT设置一个参数，其作用与SUM函数相同。

文本不能进行求和运算，所以，如果SUMPRODUCT函数的参数中包含文本、逻辑值等非数值数据，函数会将它们当成数值0处理，如图3-8所示。

=SUMPRODUCT(A2:A6)

图3-8 参数包含逻辑值、文本等非数值型数据

给SUMPRODUCT函数设置两个参数

如果给SUMPRODUCT函数设置两个参数，函数会先计算两个参数中相同位置两个数值的乘积，再求这些积的和，如图3-9所示。

=SUMPRODUCT(A2:A6,C2:C6)

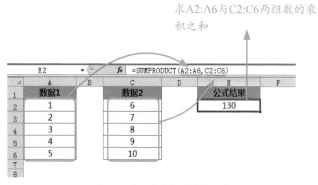

图3-9 求两组数据的乘积之和

计算时，函数会将两组数中的第1个数值相乘，得到第1个积，再将第2个数值相乘，得到第2个积……将最后1个数值相乘，得到最后1个积，最后将这些乘积相加，得到的和即为SUMPRODUCT函数的返回结果，如图3-10所示。

	A	B	C	D	E	F	G	H
1	数据1		数据2		求积结果		公式结果	
2	1	×	6	=>	6		130	
3	2	×	7	=>	14			
4	3	×	8	=>	24			
5	4	×	9	=>	36			
6	5	×	10	=>	50			
7								

求乘积之和

图3-10 SUMPRODUCT函数的计算过程

本例中的公式等同于下面的公式：

=A2*C2+A3*C3+A4*C4+A5*C5+A6*C6

无论给SUMPRODUCT函数设置几个参数，参数中的文本、逻辑值等非数值数据在计算时都会被当成数值0处理，如图3-11所示。

=SUMPRODUCT(A2:A6,C2:C6)

	数据1		数据2		求积结果		公式结果
	1	×	6	=>	6		30
	abc	×	7	=>	0		
	3	×	8	=>	24		
	4	×	Excel	=>	0		
	TRUE	×	10	=>	0		

图3-11　带有文本、逻辑值等数据的参数

考考你

在图3-12的表格中，你知道E2单元格中的公式返回什么结果吗？
=SUMPRODUCT(A2:A6,C2:C6)

	参数1		参数2		公式结果	
	2		10		=SUMPRODUCT(A2:A6,C2:C6)	
	4		8			
	6		abc			
	8		函数公式			
	10		0			

图3-12　使用SUMPRODUCT函数求两组数的乘积之和

结合我们介绍的函数的计算规则，先猜一猜公式的返回结果，再在单元格中输入公式验证自己的想法是否正确。手机扫描二维码可以查看公式具体的计算过程。

给SUMPRODUCT函数设置多个参数

如果给SUMPRODUCT函数设置3个或3个以上的参数，它会按处理两个参数的方式进行计算，即先计算每个参数中第1个数值的积，再计算第2个数值的积……当把所有对应位置的数据相乘后，再把所有的积相加，得到函数的计算结果，如图3-13所示。

=SUMPRODUCT(A2:A6,C2:C6,E2:E6)

图3-13　设置3个参数的SUMPRODUCT函数

好了，我想大家应该知道SUMPRODUCT函数在面对4个、5个，甚至更多个参数时，是怎样计算的了吧？对，都是先求积，再求和。

设置SUMPRODUCT函数参数时的注意事项

SUMPRODUCT函数在计算时经历了两个计算步骤：先求积，后求和。在求积的过程中，函数参数中包含的每个数据都会参与且只参与一次乘法运算。所以在给SUMPRODUCT函数设置参数时，应保证每个参数包含的数据个数相同，且行列数相等，否则，函数就会返回错误值"#VALUE！"，如图3-14和图3-15所示。

=SUMPRODUCT(A2:A7,C2:C6)

第1参数包含6个数据，第2参数包含5个数据，在进行求积运算时，第1参数中的第6个数据就成了孤立的，这是Excel不能接受的，所以函数返回错误值"#VALUE！"

图3-14　设置个数不等的参数

=SUMPRODUCT(A2:A7,D1:I1)

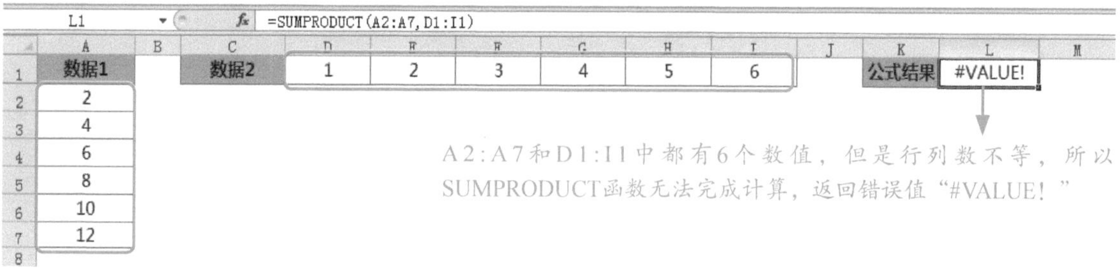

	A	B	C	D	E	F	G	H	I	J	K	L
1	数据1		数据2	1	2	3	4	5	6		公式结果	#VALUE!
2	2											
3	4											
4	6											
5	8											
6	10											
7	12											

图3-15 设置行列数不等的参数

3.1.3 用SUMPRODUCT函数按条件求和

按指定条件求数据的和

解决多条件求和问题，是SUMPRODUCT函数的拿手好菜，如图3-1中的问题，可以用图3-16所示的公式解决。

=SUMPRODUCT((A2:A11=E2)+0,(B2:B11=F2)+0,C2:C11)

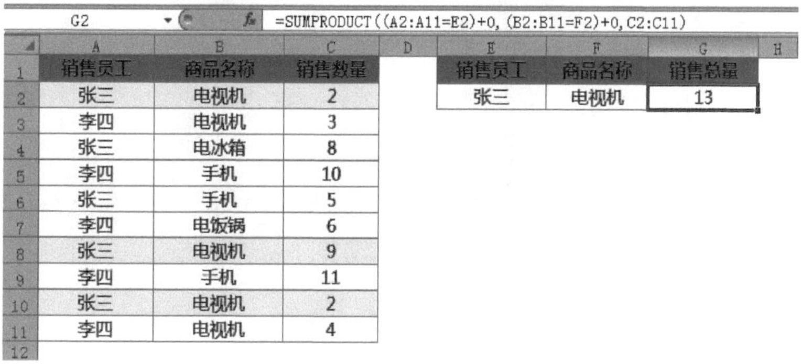

	A	B	C	D	E	F	G
1	销售员工	商品名称	销售数量		销售员工	商品名称	销售总量
2	张三	电视机	2		张三	电视机	13
3	李四	电视机	3				
4	张三	电冰箱	8				
5	李四	手机	10				
6	张三	手机	5				
7	李四	电饭锅	6				
8	张三	电视机	9				
9	李四	手机	11				
10	张三	电视机	2				
11	李四	电视机	4				

图3-16 求张三销售的电视机数量

在这个公式中，我们给SUMPRODUCT函数设置了3个参数：

=SUMPRODUCT((A2:A11=E2)+0,(B2:B11=F2)+0,C2:C11)

第1、2参数都是包含两步计算的公式，在计算时，Excel先计算这两部分公式，再将其返回结果作为SUMPRODUCT函数的参数参与计算公式的计算步骤如图3-17所示。

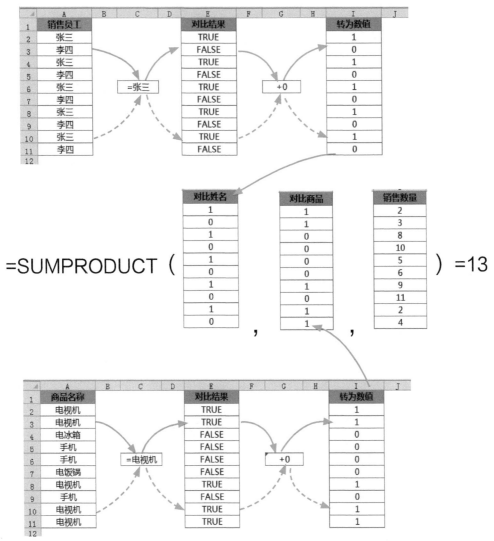

图3-17 公式的计算步骤

发现了吗？只有第1参数和第2参数中相同位置的数据都为1时，和第3参数相乘的结果才不等于0。而只有姓名等于"张三"，且商品名称为"电视机"时，第1、2参数中对应位置的数据才都等于1。

明白公式的思路后，就可以使用SUMPRODUCT函数按任意条件求和了，如果求和条件不止两个，只需按相同的方式添加求和条件，将公式写成这样：

=SUMPRODUCT((条件1区域=条件1)+0,(条件2区域=条件2)+0,……(条件n区域=条件n)+0,求和区域)

在实际使用时，SUMPRODUCT函数对各个参数的顺序没有要求，改变参数的位置，不会影响公式的结果，如图3-18所示。

=SUMPRODUCT(C2:C11,(B2:B11=F2)+0,(A2:A11=E2)+0)

C2	fx	=SUMPRODUCT(C2:C11,(B2:B11=F2)+0,(A2:A11=E2)+0)

	A	B	C	D	E	F	G	H
1	销售员工	商品名称	销售数量		销售员工	商品名称	销售总量	
2	张三	电视机	2		张三	电视机	13	
3	李四	电视机	3					
4	张三	电冰箱	8					
5	李四	手机	10					
6	张三	手机	5					
7	李四	电饭锅	6					
8	张三	电视机	9					
9	李四	手机	11					
10	张三	电视机	2					
11	李四	电视机	4					
12								

图3-18 更改SUMPRODUCT的参数位置

 考考你

你知道在公式"=SUMPRODUCT((A2:A11=E2)+0,(B2:B11=F2)+0,C2:C11)"中，SUMPRODUCT函数的第1参数和第2参数中的"+0"有什么用吗？为什么没有"+0"的公式不能完成统计？手机扫描二维码查看答案。

用运算符合并多个求和条件

在图3-16所示的公式中，SUMPRODUCT函数的第1、2参数分别对应两个求和条件，第3参数是求和的数据。因为最多可以给SUMPRODUCT函数设置255个参数，所以借助这个思路，可以给函数指定244个求和条件。

但244个求和条件并不是可设置的条件上限，尽管我们几乎遇不到如此多条件的求和问题。

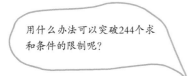

用什么办法可以突破244个求和条件的限制呢？

因为逻辑值可以直接参与算术运算，运算时，TRUE和FALSE分别被当成数值1和数值0，所以，可以用运算符将多个求和条件合并为一个参数，让一个参数包含多个求和条件。

如图3-16中的问题就可以用图3-19所示的公式解决。

=SUMPRODUCT((A2:A11=E2)*(B2:B11=F2),C2:C11)

销售员工	商品名称	销售数量		销售员工	商品名称	销售总量	
张三	电视机	2		张三	电视机	13	
李四	电视机	3					
张三	电冰箱	8					
李四	手机	10					
张三	手机	5					
李四	电饭锅	6					
张三	电视机	9					
李四	手机	11					
张三	电视机	2					
李四	电视机	4					

图3-19　用乘号连接多个求和条件

用"*"连接多个求和条件后, 函数的参数数量就减少了, 如图 3-19的公式中就只有两个参数。

用运算符"*"连接多个求和条件后, 函数会先执行这些乘法运算, 图3-19中公式的计算步骤如图3-20所示。

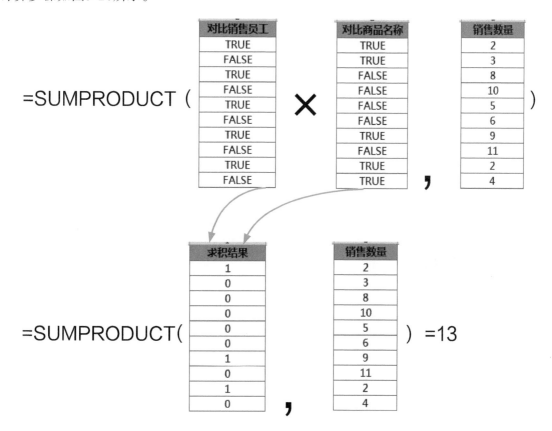

图3-20　公式的计算步骤

我们甚至还可以使用运算符"*"将所有求和条件与求和数据合并成一个参数, 将公式写为:

=SUMPRODUCT((A2:A11=E2)*(B2:B11=F2)*C2:C11)

效果如图3-21所示。

图3-21 用"*"连接求和条件与求和区域

注意：在本例的公式中，SUMPRODUCT函数只有一个参数，这个参数是执行多步运算的表达式。

公式在计算时，会先判断销售员工与商品名称是否符合求和条件，再执行乘法运算，如图3-22所示。

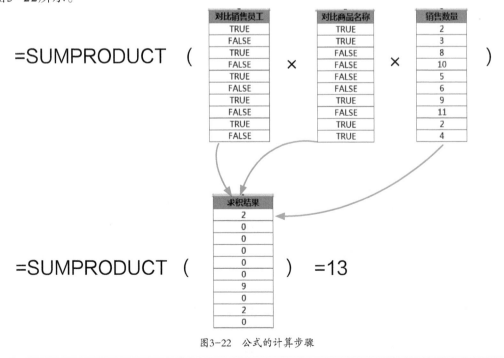

图3-22 公式的计算步骤

其实使用SUMPRODUCT函数按条件求和的公式总是一个结构相同的公式：

=SUMPRODUCT((条件1区域=条件1)*(条件2区域=条件2) *……*(条件n区域=条件n),求和区域)

或

=SUMPRODUCT((条件1区域=条件1)*(条件2区域=条件2) *……*(条件n区域=条件n)*求和区域)

无论是多复杂的条件求和问题，只要记住这个公式的结构，再根据实际的问题修改、设置其中的参数即可。

考考你

既然在使用SUMPRODUCT函数时，能用运算"*"将求和条件与求和数据合并为一个参数，可为什么图3-23中的公式却返回错误值"#VALUE!"，你知道原因吗？

=SUMPRODUCT((B2:B11=F2)*(A2:A11=E2)*C2:C11)

	A	B	C	D	E	F	G	H
G2				fx	=SUMPRODUCT((B2:B11=F2)*(A2:A11=E2)*C2:C11)			
1	销售员工	商品名称	销售数量		销售员工	商品名称	销售总量	
2	张三	电视机	2		张三	电视机	#VALUE!	
3	李四	电视机	3					
4	张三	电冰箱	8					
5	李四	手机	10					
6	张三	手机	5					
7	李四	电饭锅	6					
8	张三	电视机	9台					
9	李四	手机	11					
10	张三	电视机	2					
11	李四	电视机	4					
12								

图3-23　求张三销售的电视机总数量

手机扫描二维码即可查看答案。

3.1.4 用SUMPRODUCT函数按条件计数

● 求年龄达到60岁的人数

解决条件计数问题，通常我们会使用COUNTIF函数。

如想求年龄达到60岁的人数，可以用图3-24所示的公式解决。

=COUNTIF(B2:B11,">=60")

图3-24　使用COUNTIF按条件计数

类似的条件计数问题，也可以使用SUMPRODUCT函数解决，方法如图3-25所示。

=SUMPRODUCT((B2:B11>=60)+0)

图3-25　求年龄达到60岁的人数

有了前面的基础，再来理解这个公式就轻松了，公式计算步骤如图3-26所示。

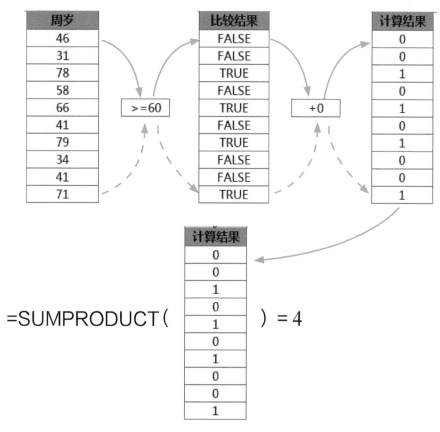

图3-26 公式的计算步骤

求年龄达到60岁的女性人数

如果统计的条件不止一个，SUMPRODUCT函数也能解决，如图3-27所示。

=SUMPRODUCT((B2:B11>=60)*(C2:C11="女"))

	A	B	C	D	E	F	G
F1			=SUMPRODUCT((B2:B11>=60)*(C2:C11="女"))				
1	姓名	周岁	性别		达到60岁的女性人数	2	
2	邓莎	46	女				
3	邓书军	31	男				
4	李开军	78	男				
5	李丽	58	女				
6	刘丽丽	66	女				
7	马云华	41	男				
8	王芳	79	女				
9	徐丽丽	34	女				
10	张春	41	女				
11	张小林	71	男				
12							

图3-27 求年龄达到60岁的女性人数

学习了多条件求和的公式后，这个公式对大家而言，应该没什么难度吧？

在这个公式中，SUMPRODUCT函数的参数是(B2:B11>=60)和(C2:C11="女")的乘积。其中，公式(B2:B11>=60)用于判断B2:B11中的年龄是否达到60，公式(C2:C11="女")用于判断C2:C11中保存的性别是否为"女"，只有当同个位置的两个比较运算都返回TRUE时，该条记录才是符合条件的记录。

按同样的思路，如果计数的条件有多个，可以继续添加条件，将公式写为：

=SUMPRODUCT((条件1表达式)*(条件2表达式)*(条件3表达式)*(条件4表达式)……)

多条件求和与多条件计数问题，在 Excel 2007 及之后的版本中，已经可以使用SUMIFS和COUNTIFS函数解决了，没必要再学习SUMPRODUCT函数了吧？

也许，大家也有这样的疑问。

的确，多条件求和与多条件计数问题，使用SUMIFS和COUNTIFS函数解决非常方便，但这两个函数有一个限制：只能对单元格区域进行求和或计数，即对应的参数只能设置为单元格区域，不能设置为返回结果非单元格的公式或数据常量，但SUMPRODUCT函数却没有这个限制。

考虑到功能的灵活性，还有不同Excel版本的兼容性，SUMPRODUCT函数还是非常值得学习的。

提示

想学习SUMIFS函数和COUNTIFS函数的具体用法，可以阅读《别怕，Excel函数其实很简单》。

3.1.5　根据考试分数为成绩评定名次

根据考试分数评定名次，是一个典型的数据排序问题，如图3-28所示。

> 按H列的总分为成绩评定名次，分数最高的为第1名，接着是第2名，以此类推

	班级	姓名	语文	数学	英语	物理	化学	总分	同级排名	
1										
2	九1	郭家涛	136	115	111	84	43	489		
3	九1	任军	115	106	89	77	35	422		
4	九1	邓福贵	130	89	110	60	28	417		
5	九1	卢燕	129	67	95	63	26	380		
6	九2	邓光林	135	107	102	73	39	456		
7	九2	付洋	126	106	103	78	40	453		
8	九2	赵露露	125	99	98	54	20	396		
9	九2	曹梅	121	110	99	58	21	409		
10	九3	孟兴会	128	104	100	76	44	452		
11	九3	骆雪	122	92	107	64	32	417		
12	九3	胡玉宇	122	90	93	62	34	401		
13	九3	刘星星	127	89	91	71	39	417		
14	九4	黄家浩	123	108	91	70	47	439		
15	九4	刘浩月	123	69	100	61	36	389		
16	九4	武小阳	127	90	81	53	34	385		
17	九4	余婷	120	143	92	62	39	456		
18										

图3-28　根据总分为成绩评定名次

> 为成绩排名次，其实就是一个单条件的计数问题，想看某个分数排第几名，只需统计有多少个分数大于这个分数就行了。

有了思路，就可以使用SUMPRODUCT函数解决了，方法如图3-29所示。

=SUMPRODUCT(($H$2:$H$17>H2)+0)+1

	A	B	C	D	E	F	G	H	I	J
	班级	姓名	语文	数学	英语	物理	化学	总分	同级排名	
2	九1	郭家涛	136	115	111	84	43	489	1	
3	九1	任军	115	106	89	77	35	422	7	
4	九1	邓福贵	130	89	110	60	28	417	8	
5	九1	卢燕	129	67	95	63	26	380	16	
6	九2	邓光林	135	107	102	73	39	456	2	
7	九2	付洋	126	106	103	78	40	453	4	
8	九2	赵露露	125	99	98	54	20	396	13	
9	九2	曹梅	121	110	99	58	21	409	11	
10	九3	孟兴会	128	104	100	76	44	452	5	
11	九3	骆雪	122	92	107	64	32	417	8	
12	九3	胡玉宇	122	90	93	62	34	401	12	
13	九3	刘星星	127	89	91	71	39	417	8	
14	九4	黄家浩	123	108	91	70	47	439	6	
15	九4	刘浩月	123	69	100	61	36	389	14	
16	九4	武小阳	127	90	81	53	34	385	15	
17	九4	余婷	120	143	92	62	39	456	2	

图3-29　用SUMPROSUCT函数为成绩排名

公式的计算步骤如图3-30所示。

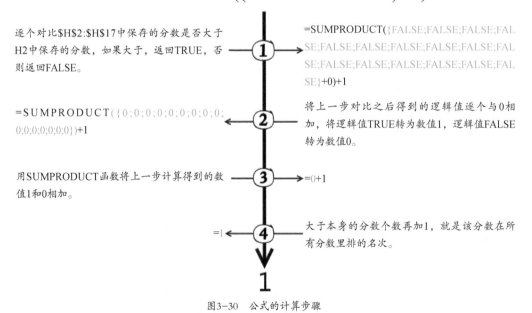

图3-30　公式的计算步骤

考考你

分班级为学生成绩评定名次

分班级排名，就是计算某个学生成绩在所属班级中的名次，如图3-31所示。

417分在九1班的4名同学中，排第3名，所以他的同班排名是3

	A	B	C	D	E	F	G	H	I	J
1	班级	姓名	语文	数学	英语	物理	化学	总分	同班排名	
2	九1	郭家涛	136	115	111	84	43	489		
3	九1	任军	115	106	89	77	35	422		
4	九1	邓福贵	130	89	110	60	28	417		
5	九1	卢燕	129	67	95	63	26	380		
6	九2	邓光林	135	107	102	73	39	456		
7	九2	付洋	126	106	103	78	40	453		
8	九2	赵露露	125	99	98	54	20	396		
9	九2	曹梅	121	110	99	58	21	409		
10	九3	孟兴会	128	104	100	76	44	452		
11	九3	骆雪	122	92	107	64	32	417		
12	九3	胡玉宇	122	90	93	62	34	401		
13	九3	刘星星	127	89	91	71	39	417		
14	九4	黄家浩	123	108	91	70	47	439		
15	九4	刘浩月	123	69	100	61	36	389		
16	九4	武小阳	127	90	81	53	34	385		
17	九4	余婷	120	143	92	62	39	456		
18										

图3-31　根据总分成绩求同班排名

求同班排名，其实就是一个多条件计数问题：统计班级等于指定班级，且成绩大于指定成绩的记录条数。

按这样的思路，你能写出解决这个问题的公式吗？

手机扫描二维码，可以查看我们给出的参考方法。

第2节 用FREQUENCY函数分区间统计数值个数

3.2.1 哪些函数能统计指定区间的数值个数

统计某个区间的数值个数，就是看该区间有多少个数值，图3-32所示即为一例。

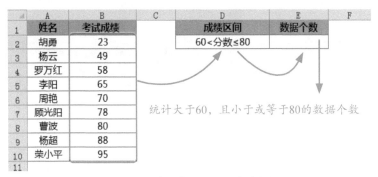

图3-32 统计60到80分之间的成绩个数

统计大于60，且小于或等于80的数据个数，这实际是一个双条件计数问题。条件计数问题能用什么函数解决，大家应该都能列举出两三个吧？

● 使用COUNTIF函数解决

用COUNTIF函数分别求出大于60和大于80的数值个数，二者之差即为要求的结果。

COUNTIF函数，我们在《别怕，Excel函数其实很简单》中已经详细介绍过，用起来并不难，如图3-33所示。

=COUNTIF(B2:B10,">60")-COUNTIF(B2:B10,">80")

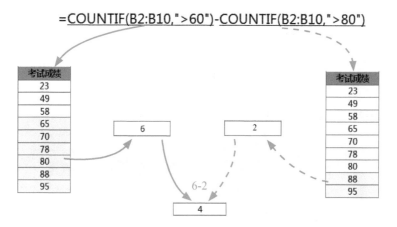

图3-33　用COUNTIF函数求60到80分之间的成绩个数

公式的计算步骤如图3-34所示。

图3-34　公式的计算步骤

使用COUNTIFS函数解决

大于60且小于或等于80，属于双条件计数问题，多条件计数问题使用COUNTIFS函数解决更方便。

COUNTIFS是COUNTIF函数的升级版，如果你阅读过《别怕，Excel函数其实很简单》，对它的使用方法及强大的计数能力一定不陌生，本例中的问题，用COUNTIFS函数的解决方法如图3-35所示。

=COUNTIFS(B2:B10,">60",B2:B10,"<=80")

图3-35　用COUNTIFS函数求60到80分之间的成绩个数

使用SUMPRODUCT函数解决

学完本章第1节的内容，大家都应该知道怎样用SUMPRODUCT函数来解决这个问题了吧？方法如图3-36所示。

=SUMPRODUCT((B2:B10>60)*(B2:B10<=80))

图3-36　用SUMPRODUCT函数求60到80分之间的成绩个数

3.2.2　分区间统计，更专业的FREQUENCY函数

尽管COUNTIF函数、COUNTIFS函数和SUMPRODUCT函数都能解决条件计数的问题，但在面对一些较为特殊和复杂的统计问题时，使用它们解决起来却不太方便，如图3-37所示。

	A	B	C	D	E	F
1	姓名	考试成绩		成绩区间	数据个数	
2	胡勇	23		分数≤40		
3	杨云	49		40<分数≤60		
4	罗万红	58		60<分数≤80		
5	李阳	65		80<分数≤90		
6	周艳	70		90<分数		
7	顾光阳	78				
8	曹波	85				
9	杨超	88				
10	荣小平	95				
11						

要统计的数据区间不止一个，如果各区间间隔没有规律，我们可能需要编写多个不同的公式来解决这个问题

图3-37 统计多个区间的数据个数

试一试，如果用COUNTIF函数解决这个问题，应该将公式写成什么样？

是不是觉得这样的公式不太好写？但如果使用FREQUENCY函数，就简单多了，如图3-38所示。

=FREQUENCY(B2:B10,E2:E5)

这是一个多单元格数组公式，需要先选中F2:F6单元格区域，再输入公式，最后按<Ctrl+Shift+Enter>组合键确认输入，公式才能正常计算

	A	B	C	D	E	F	G
	F2			fx	{=FREQUENCY(B2:B10,E2:E5)}		
1	姓名	考试成绩		成绩区间	分段点	数据个数	
2	胡勇	23		分数≤40	40	1	
3	杨云	49		40<分数≤60	60	2	
4	罗万红	58		60<分数≤80	80	3	
5	李阳	65		80<分数≤90	90	2	
6	周艳	70		90<分数		1	
7	顾光阳	78					
8	曹波	85					
9	杨超	88					
10	荣小平	95					
11							

大于80，且小于或等于90的分数共有2个

图3-38 用FREQUENCY函数统计多个区间的数据个数

只需要一个简短的公式就解决了所有问题，是不是觉得FREQUENCY函数特别能干？

3.2.3　设置FREQUENCY函数的参数

FREQUENCY函数共有2个参数，分别用来指定要统计的数据源和统计区间的分段点。

$$=FREQUENCY(❶数据源,❷分段点)$$

函数返回的总是一列垂直的数组，不能返回1行或多行多列的结果

无论是第1参数还是第2参数，都应该设置为数值类型的数据，只要设置好这两个参数，FREQUENCY函数就能完成我们交给它的统计任务，如图3-39所示。

$$=FREQUENCY(A2:A11,C2:C5)$$

	E4		*fx*	{=FREQUENCY(A2:A11,C2:C5)}	
	A	B	C	D	E	F
1	数据		分段点		数据个数	
2	23		40		2	
3	49		60		2	
4	58		80		3	
5	65		90		2	
6	70				1	
7	78					
8	85					
9	88					
10	95					
11	30					
12						

80的段点对应的结果是3，表示数据区域中大于上一段点60，且小于或等于当前段点80的数值共有3个

图3-39　FREQUENCY函数的参数

FREQUENCY函数总是返回一个由多个数值组成的数组,就算暂时看不懂参数中各个数值的用途也没关系,接着往后看,我们会慢慢向大家详细介绍这些内容。

3.2.4 参数中各段点对应的统计区间

设置了数据源及统计区间的分段点,FREQUENCY函数究竟是按什么规则统计数值个数的呢?

FREQUENCY函数统计的区间,总比第2参数包含的数值个数多1,这就好比用剪刀剪一根绳子,剪一下得到2段绳子,剪两下得到3段绳子,剪N下得到N+1段绳子。

在统计时,对于中间的某个区段,函数将统计大于前1个段点,且小于或等于当前段点的数值个数,对第一个段点,函数将统计小于或等于该段点的数值个数,对最后一个段点,函数将统计大于该段点的数值个数。

如果设置的段点是"10、30、50、70"这4个数值,那FREQUENCY函数统计的就有5个区间,并返回5个结果,具体如下。

区间1:小于或等于10的数值个数。

区间2:大于10,且小于或等于30的数值个数。

区间3:大于30,且小于或等于50的数值个数。

区间4:大于50,且小于或等于70的数值个数。

区间5:大于70的数值个数。

详情如图3-40所示。

第1个段点是10，函数统计小于或等于10的数值个数

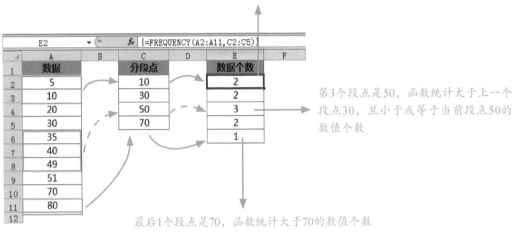

第3个段点是50，函数统计大于上一个段点30，且小于或等于当前段点50的数值个数

最后1个段点是70，函数统计大于70的数值个数

图3-40　各段点对应的统计区间

正因为统计区间总比分段点包含的数值个数多1，所以函数返回结果包含的数值个数总比设置的段点个数多1。

考考你

如果FREQUENCY函数第1参数的统计数据和第2参数的分段点分别是图3-41所示的样子。

	A	B	C	D
1	统计数据		分段点	
2	10		15	
3	15		20	
4	20		30	
5	25		45	
6	30			
7	35			
8	40			
9	45			
10	50			
11				

图3-41　FREQUENCY函数的两个参数

你知道下面这个公式的返回结果共包含几个数值，各个数值分别是什么吗？

=FREQUENCY(A2:A10,C2:C5)

手机扫一扫二维码，验证一下你的想法是否正确。

3.2.5　注意，FREQUENCY函数会自动忽略非数值的数据

无论是第1参数还是第2参数，如果其中包含空单元格、逻辑值、文本等非数值类型的数据，FREQUENCY函数会自动忽略它们，只让数值类型的数据参与计算，如图3-42所示。

=FREQUENCY(A2:A11,C2:C5)

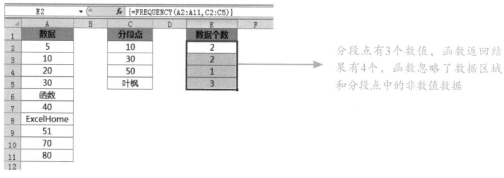

图3-42　函数统计时自动忽略参数中的非数值数据

 注意

FREQUENCY函数只能统计数值个数，不能统计非数值类型的数据，不像SUMPRODUCT、COUNTIFS等函数那样，能按条件统计所有类型的数据。

3.2.6　输入用FREQUENCY函数编写的公式

因为FREQUENCY函数返回的结果总比第2参数设置的段点个数多1，所以函数返回结果包含的数值个数一定大于或等于2。

FREQUENCY函数返回的结果一定包含多个数值，那如果只用FREQUENCY函数写公式，公式不就是一个多单元格数组公式吗？

没错。

所以在使用FREQUENCY函数编写公式时，应按输入多单元格数组公式的方法输入，即选中比第2参数包含的数值个数多1的同列单元格→输入公式→按<Ctrl+Shift+Enter>组合键确认输入，如图3-43所示。

① 选中比段点多1的同列单元格区域

	A 姓名	B 考试成绩	C	D 公式统计区间	E 分段点	F 数据个数	G	H
1	姓名	考试成绩		公式统计区间	分段点	数据个数		
2	胡勇	23		分数<40	40			
3	杨云	49		40<分数≤60	60			
4	罗万红	58		60<分数≤80	80			
5	李阳	65		80<分数≤90	90			
6	周艳	70		90<分数				
7	顾光阳	78						
8	曹波	85						
9	杨超	88						
10	荣小平	95						
11								

② 输入公式=FREQUENCY(B2:B10,E2:E5)

SUM ▼ ⊙ ✗ ✓ fx =FREQUENCY(B2:B10,E2:E5)

	A 姓名	B 考试成绩	C	D 公式统计区间	E 分段点	F 数据个数	G	H
1	姓名	考试成绩		公式统计区间	分段点	数据个数		
2	胡勇	23		分数≤40	40	310,E2:E5)		
3	杨云	49		40<分数≤60	60			
4	罗万红	58		60<分数≤80	80			
5	李阳	65		80<分数≤90	90			
6	周艳	70		90<分数				
7	顾光阳	78						
8	曹波	85						
9	杨超	88						
10	荣小平	95						
11								

③ 按<Ctrl+Shift+Enter>组合键确认输入公式

F2 ▼ ⊙ fx {=FREQUENCY(B2:B10,E2:E5)}

	A 姓名	B 考试成绩	C	D 公式统计区间	E 分段点	F 数据个数	G	H
1	姓名	考试成绩		公式统计区间	分段点	数据个数		
2	胡勇	23		分数≤40	40	1		
3	杨云	49		40<分数≤60	60	2		
4	罗万红	58		60<分数≤80	80	3		
5	李阳	65		80<分数≤90	90	2		
6	周艳	70		90<分数		1		
7	顾光阳	78						
8	曹波	85						
9	杨超	88						
10	荣小平	95						
11								

图3-43 输入用FREQUENCY函数编写的公式

提示

相比普通公式，数组公式解决问题的能力更强，适用范围更广。什么是数组公式？什么是多单元格数组公式？怎样输入数组公式？这些问题你都可以在第5章中找到答案。

3.2.7 修正段点，以统计各分数段成绩的人数

FREQUENCY函数在统计时，总是统计大于前1个段点，且小于或等于当前段点的数值个数，但有时，我们并不想按这样的规则去统计。

例如，在分析学生成绩时，按照习惯，我们会按图3-44所示的规则去统计各分数段的人数。

	A	B	C	D	E	F
1	姓名	考试成绩		公式统计区间	数据个数	
2	胡勇	23		分数<40		
3	杨云	49		40≤分数<60		
4	罗万红	58		60≤分数<80		
5	李阳	65		80≤分数<90		
6	周艳	70		90≤分数		
7	顾光阳	78				
8	曹波	85				
9	杨超	88				
10	荣小平	95				
11						

图3-44 统计各分数段的人数

如果将统计的段点设置为{40;60;80;90}，统计的结果可能会与实际需求不符，如图3-45所示。

=FREQUENCY(B2:B10,E2:E5)

根据我们的需求，60分的成绩应该被计入第3区间，但函数将其计入了第2区间

F3 {=FREQUENCY(B2:B10,E2:E5)}

	A	B	C	D	E	F
1	姓名	考试成绩		统计区间	分段点	数据个数
2	胡勇	23		分数<40	40	1
3	杨云	49		40≤分数<60	60	2
4	罗万红	60		60≤分数<80	80	3
5	李阳	65		80≤分数<90	90	2
6	周艳	70		90≤分数		1
7	顾光阳	78				
8	曹波	85				
9	杨超	88				
10	荣小平	95				

×

在第2个区间，函数统计大于40且小于或等于60的数值个数，但实际需要统计的是大于或等于40且小于60的数值个数

图3-45　不恰当的统计段点

出现这类“错误”，是因为我们替函数设置的分段点存在问题，要解决这一问题，可以修改各段点的数值，使其能满足统计需求，如图3-46所示。

=FREQUENCY(B2:B10,E2:E5)

第1、2个段点分别是39.99和59.99，函数在第2个统计区间将统计大于39.99且小于或等于59.99的数值个数，借助这种方式实现统计大于或等于40且小于60的成绩个数的需求

F3 {=FREQUENCY(B2:B10,E2:E5)}

	A	B	C	D	E	F
1	姓名	考试成绩		统计区间	分段点	数据个数
2	胡勇	23		分数<40	39.99	1
3	杨云	49		40≤分数<60	59.99	1
4	罗万红	60		60≤分数<80	79.99	4
5	李阳	65		80≤分数<90	89.99	2
6	周艳	70		90≤分数		1
7	顾光阳	78				
8	曹波	85				
9	杨超	88				
10	荣小平	95				

如果在数据表中存在介于59.99与60之间的数值，段点处的数值可以设置为另一个比60小，但更接近60的数值，如59.9999

图3-46　修正函数的统计段点

3.2.8　可以怎样设置FREQUENCY函数的分段点

在前面的例子中，使用FREQUENCY函数时，无论是函数的第1参数还是第2参数，我们都是将其设置为单列数据，但在实际使用时，并不是必须这样做。

FREQUENCY函数对参数的设置没有太多规定，使用非常灵活。

● 函数对参数的行列数没有限制

FREQUENCY函数对参数的行列数没有限制，无论是哪个参数，都可以将其设置为任意行列数的单元格区域或数组。但无论将参数设置成什么样，函数都只返回一列垂直的数组，如图3-47所示。

①　=FREQUENCY(A2:A11,C2:C5)

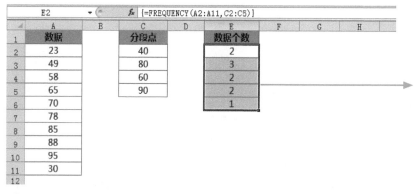

只要参与计算的数据相同，无论这些数据是几行几列，按什么顺序排列，函数返回的结果都是由相同数值组成的一列数组

②　=FREQUENCY(A2:B6,D2:E3)

图3-47　不同行列数的参数

参数中的数据可以乱序排列

除了对行列数没有限定外，FREQUENCY函数对参数中数据的排序方式也没有要求。对第2参数的分段点，无论其中的数值按什么方式排序，都不会影响函数的计算结果，如图3-48所示。

① 升序排列的分段点

	A	B	C	D	E
			D2	{=FREQUENCY(A2:A11,C2:C5)}	
1	数据		分段点	数据个数	
2	23		40	1	
3	45		60	3	
4	49		80	0	
5	58		90	4	
6	81			2	
7	88				
8	88				
9	90				
10	95				
11	98				
12					

② 乱序排列的分段点

	A	B	C	D	E
			D2	{=FREQUENCY(A2:A11,C2:C5)}	
1	数据		分段点	数据个数	
2	23		40	1	
3	45		80	0	
4	49		60	3	
5	58		90	4	
6	81			2	
7	88				
8	88				
9	90				
10	95				
11	98				
12					

图3-48　升序和乱序排列的分段点

函数返回的结果分别是{1;3;0;4;2}和{1;0;3;4;2}，是完全不相同的两组数啊，为什么说分段点中数值的排序方式不会影响函数的计算？

在图3-48的公式中，将分段点升序排列时，函数返回的是{1;3;0;4;2}，而乱序排列时，函数返回的是{1;0;3;4;2}，是两个不相同的数组，但函数的统计结果真的改变了吗？

其实不然，换一个角度看这些数据，我们会发现这两个统计结果是完全相同的，如图3-49所示。

各个分段点对应的统计结果都是相同的。函数返回结果
只是排序不同，其排序方式随段点中各数值位置的改变而改变

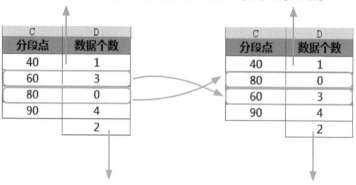

无论将段点的数值如何排序，函数返回结果的最后一个数值总是
大于最大分段点的数值个数

图3-49　不同排序方式的段点及返回结果

对于乱序排列的分段点，计算时，FREQUENCY函数会先将乱序排列的分段点按升序排列，完成各区间数据的统计，再将结果返回到段点中各数值对应的位置，如图3-50所示。

乱序排列时，段点80对应的结果，是升序排列的断点中80的结果。无论断点设置为什么，返回的最后一个数值都是大于最大分段点的数据个数

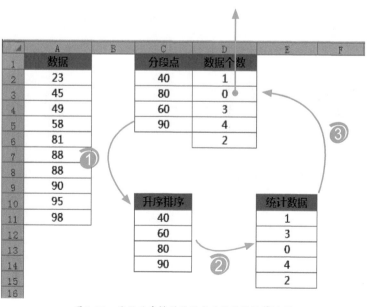

图3-50　使用乱序排列的段点时函数的计算过程

注意

虽然FREQUENCY函数对分段点中数值的排序方式没有限制，但为了便于理解公式及其返回的结果，建议在使用FREQUENCY函数时，将第2参数的分段点设置为1列按升序排列的数值。

可以将多列数据设置为分段点

当分段点包含多列数值时，FREQUENCY函数是怎样统计的呢？让我们先看看图3-51和图3-52中的信息，也许大家就知道其中的奥秘了。

① =FREQUENCY(A2:A12,C2:C5)

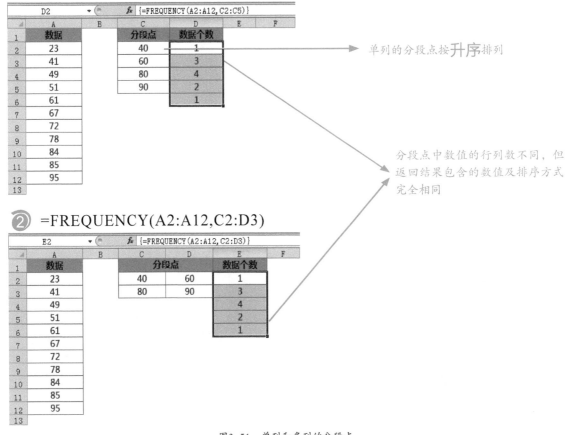

单列的分段点按**升序**排列

分段点中数值的行列数不同，但返回结果包含的数值及排序方式完全相同

② =FREQUENCY(A2:A12,C2:D3)

图3-51　单列和多列的分段点

① =FREQUENCY(A2:A12,C2:C5)

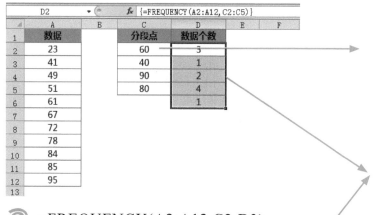

单列的分段点按**乱序**排列

分段点中数值的行列数不同，但返回结果包含的数值及排序方式完全相同

② =FREQUENCY(A2:A12,C2:D3)

图3-52　单列和多列的分段点

两个公式的返回结果相同，找到各个公式中分段点的数值在区域中的位置关系，就知道FREQUENCY函数在面对多列的分段点时，是怎样统计的了。

　　让我们来看看返回相同结果的两个分段点，在排列方式上有什么特点，如图3-53所示。

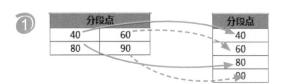

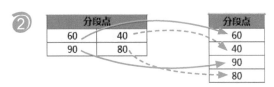

图3-53　多列分段点与单列分段点

发现了吗？多列分段点按**先行后列**的方式转换成一列后，就得到那个统计结果与自己完全相同的单列分段点。

明白了吧？

FREQUENCY函数面对多列的分段点时，计算的顺序可以理解为：按**先行后列**的顺序将分段点转为1列→将转为1列的分段点按升序排列→分区间统计数据个数→按转换为1列的段点中数值位置对统计结果进行排序→将统计结果输入单元格中。

考考你

了解完这些信息后，你知道图3-54中的统计结果是怎样计算出来的吗？

手机扫一扫二维码，验证你的想法是否正确。

图3-54　设置多列的统计分段点时函数的返回结果

分段点中的数值可以重复

FREQUENCY函数还允许在分段点中出现重复的数值，如图3-55所示。

	A	B	C	D	E
1	数据		分段点	数据个数	
2	23		40		
3	35		40		
4	49		60		
5	51		60		
6	52		80		
7	62		80		
8	69		90		
9	71		90		
10	72				
11	78				
12	81				
13	92				
14	95				
15	97				
16	99				
17					

图3-55 存在重复数值的分段点

公式设置的分段点是{40;40;60;60;80;80;90;90}，共包含8个数值，但其中有4个就是重复的。

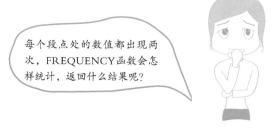

> 每个段点处的数值都出现两次，FREQUENCY函数会怎样统计，返回什么结果呢？

无论分段点设置成什么样，FREQUENCY函数总是根据设置的段点数值，确定要统计哪几个区间的数据个数。段点数值的个数，确定返回结果包含数值的个数，段点数值的大小，确定函数统计的数据区间。段点中数值的排序方式和是否重复并不影响这个计算规则。

在本例中，设置的分段点为{40;40;60;60;80;80;90;90}，所以函数要统计的区间共有如下9个。

区间1：小于或等于40的数值个数。

区间2：大于40，且小于或等于40的数值个数。

区间3：大于40，且小于或等于60的数值个数。

区间4：大于60，且小于或等于60的数值个数。

区间5：大于60，且小于或等于80的数值个数。

区间6：大于80，且小于或等于80的数值个数。

区间7：大于80，且小于或等于90的数值个数。

区间8：大于90，且小于或等于90的数值个数。

区间9：大于90的数值个数。

各统计区间如图3-56所示。

图3-56　FREQUENCY函数的统计区间

考考你

了解这些信息后，大家应该知道面对存在重复数值的分段点时，FREQUENCY函数会怎样统计，返回什么结果了吧？

在图3-57的工作表中，如果输入的公式是：

=FREQUENCY(A2:A16,C2:C9)

	A	B	C	D	E
1	数据		分段点	数据个数	
2	23		40	?	
3	35		40	?	
4	49		60	?	
5	51		60	?	
6	52		80	?	
7	62		80	?	
8	69		90	?	
9	71		90	?	
10	72			?	
11	78				
12	81				
13	92				
14	95				
15	97				
16	99				
17					

图3-57　函数的统计结果

你知道公式返回的结果是什么吗？手机扫描二维码，验证一下自己的想法是否正确。

千万不要以为设置重复的分段点是多余的，在某些问题情境中，重复段点非常有用，后面我们将会介绍一些例子，肯定会让你大开眼界。

3.2.9　将FREQUENCY函数的结果显示在一行中

因为FREQUENCY函数返回的结果总是一列数据，所以，如果想将它返回的结果写入一行单元格中，就先将函数返回的结果转置为一行数据，使用TRANSPOSE函数就可以完成这个行列转置的任务，如图3-58所示。

=TRANSPOSE(FREQUENCY(A2:A12,C2:C5))

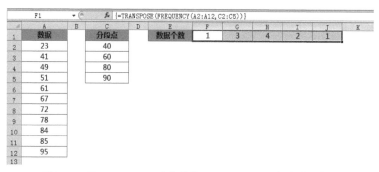

图3-58　用TRANSPOSE函数转置FREQUENCY函数的返回结果

TRANSPOSE函数是专门用于行列转换的函数，使用它可以将单元格区域或数组的行转为列，列转为行，效果等同于【选择性粘贴】中的【转置】命令。

3.2.10　求单独某个区间的数据个数

FREQUENCY函数返回的总是包含多个数值的单列数组，当只想统计某个区间，如大于60且小于或等于80的数据个数时，可以借助INDEX函数取得这个区间的统计结果，如图3-59所示。

=INDEX(FREQUENCY(A2:A12,{60;80}),2)

图3-59　求大于60且小于或等于80的数据个数

在这个公式中，FREQUENCY函数按两个分段点{60;80}来进行计算，统计出如下3个区间的数据个数。

区间1：小于或等于60的数据个数。

区间2：大于60，且小于或等于80的数据个数。

区间3：大于80的数据个数。

其中第2个区间正是本例中要完成的统计，使用INDEX取得返回的3个数值中的第2个，即可得到要统计区间的数值个数。

3.2.11 统计不重复的数据个数

◉ 什么是不重复的数据个数

不重复的数据个数，就是将重复的数据去掉之后剩余的数据个数，如图3-60所示。

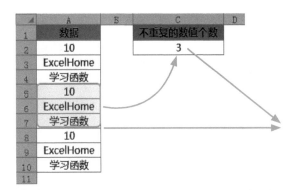

虽然A列中保存多个数据，但去掉重复数据后只剩下3个，所以不重复的数据个数是3

图3-60　不重复的数据个数

◉ 统计不重复的数值个数

如果数据区域中保存的数据全是类似图3-61所示的数值，就可以用FREQUENCY函数直接求得其中不重复的数值个数。

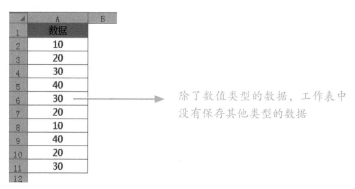

除了数值类型的数据，工作表中
没有保存其他类型的数据

图3-61　工作表中保存的数值

用FREQUENCY函数求不重复的数值
个数时，就会为函数设置重复的分段
点，想一想，重复分段点在这个问题
中会有什么用途呢？

　　想知道重复的分段点在这个问题中有什么作用，可以先将所有要统计的数值按升序排列，再将排序后的数值同时设置为FREQUENCY函数的两个参数，看会得到什么结果，如图3-62所示。

=FREQUENCY(A2:A11,C2:C11)

重复存在的段点，只在第1次出
现的时候返回大于0的数值，其
余位置全部返回数值0

图3-62　将一组数值同时设置为FREQUENCY函数的两个参数

数值列表中存在4个不重复的数值，FREQUENCY函数返回4个大于0的结果，怎样用FREQUENCY函数统计不重复的数值个数？是不是有种秒懂的感觉？

对，要求不重复数值个数，只需将这组数值同时设置为FREQUENCY函数的两个参数，再看函数返回几个大于0的数值就可以了。

统计大于0的数值个数，很多函数都可以实现，如SUMPRODUCT函数，公式如图3-63所示。

=SUMPRODUCT(--(FREQUENCY(A2:A11,A2:A11)>0))

	C2		f_x	=SUMPRODUCT(--(FREQUENCY(A2:A11,A2:A11)>0))			
	A	B	C	D	E	F	G
1	数据		不重复的数值个数				
2	10		4				
3	10						
4	20						
5	20						
6	20						
7	30						
8	30						
9	30						
10	40						
11	40						
12							

图3-63　求不重复数值个数

在计算时，公式会先计算FREQUENCY函数，得到一组数值：

=SUMPRODUCT(--({2;0;3;0;0;3;0;0;2;0;0}>0))

然后再将这些数值逐个与0进行比较，判断是否大于0，返回一组由FALSE和TRUE组成的数组：

$$=\text{SUMPRODUCT}(\text{--}(\{\text{TRUE};\text{FALSE};\text{TRUE};\text{FALSE};\text{FALSE};\text{TRUE};\text{FALSE};$$

$$\text{FALSE};\text{TRUE};\text{FALSE};\text{FALSE}\}))$$

接着用减负运算符"--"将逻辑值TRUE转为数值1，将逻辑值FALSE转为数值0：

$$=\text{SUMPRODUCT}(\{1;0;1;0;0;1;0;0;1;0;0\})$$

最后用SUMPRODUCT函数对这个由数值0和1组成的数组求和，得到的结果即为数据区域中不重复的数值个数。

在这里，我们只是举了单独的1列数据。因为FREQUENCY允许设置多行多列的单元格区域或数组为参数，并且无论数据按什么方式排序，函数返回的结果都不受影响。所以，无论这些数值有几行几列，都能使用同样的方法求得不重复的数值个数，如图3-64所示。

$$=\text{SUMPRODUCT}(\text{--}(\text{FREQUENCY}(A2:C5,A2:C5)>0))$$

	E2	▼	f_x	=SUMPRODUCT(--(FREQUENCY(A2:C5, A2:C5)>0))			
	A	B	C	D	E	F	G	H
1	数据				不重复的数值个数			
2	10	30	10		5			
3	30	30	20					
4	50	40	20					
5	40	20	50					
6								

图3-64　统计多行多列区域中不重复的数值个数

统计不重复的数据个数

如果单元格区域中保存了包含数值、文本等多种类型的数据，想求其中不重复数据个数，FREQUENCY函数还能解决吗？

当然可以，但不能将这个区域直接设置为FREQUENCY函数的两个参数，如图3-65所示。

=SUMPRODUCT(--(FREQUENCY(A2:A11,A2:A11)>0))

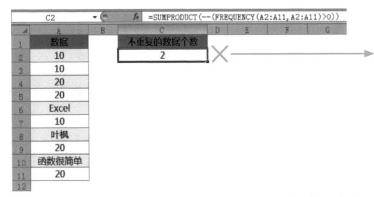

图3-65　统计结果与实际情况不相符的公式

　　公式返回结果与实际情况不符，是因为FREQUENCY函数在统计时，只对数值进行统计而忽略了其他类型的数据。公式返回的"2"只是数据区域中不重复的数值个数，并不包括不重复的3个文本数据。

　　要解决这个问题，可以换个思路，构造一些数值代替这些文本供FREQUENCY函数统计。

　　怎么构造这些数值？如果感到没有任何头绪，那让我们先来看看图3-66中的信息，相信一定会给我们带来一些启示。

=MATCH(A2,$A$2:$A$11,0)

公式使用MATCH函数查找每个数据
在A2:A11中第1次出现的位置

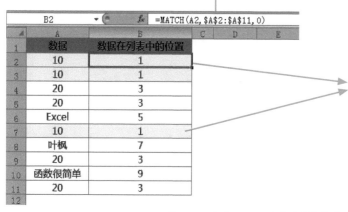

当某个数据是重复数据时，MATCH函数
只会返回该数据第1次出现的位置，所以
重复的数据，MATCH函数返回的数值也
是重复的

图3-66　使用MATCH函数查找数据在列表中的位置

不重复的数据有几个，MATCH函数就返回几个不
重复的数值，FREQUENCY函数不能统计文本，
但MATCH函数返回的是数值……啊，原来如此，
瞬间明白了。

　　对，可以将MATCH函数的返回结果设置为FREQUENCY函数的两个参数，公式如图
3-67所示，通过这样的方式来求区域中不重复数据的个数。

=SUMPRODUCT(--(FREQUENCY(**MATCH(A2:A11,A2:A11,0)**,MATCH
(A2:A11,A2:A11,0))>0))

这是MATCH函数数组公式的用法，函数的第1参数是包含多个数值的A2:A11，函数将查找A2:A11中每个数据在A2:A11中第一次出现的位置，返回一个由这些表示位置的数值组成的数组

=SUMPRODUCT(--(FREQUENCY(MATCH(**A2:A11**,A2:A11,0),MATCH(A2:A11,A2:A11,0))>0))

图3-67　求不重复数据的个数

提示

因为MATCH函数的第2参数只能是单独的一行或一列，所以当数据区域是一个多行多列的单元格区域或数组时，用这种方法求其中不重复的数据个数，需要先将这个区域转为1行或1列。但如果要统计的区域是单元格区域，无论有几行几列，使用COUNTIF函数解决会更方便，你可以在第5章中了解相应的解决方法。

3.2.12　求足球队连续赢球的最多场次

足球比赛，大家一定看过吧？

很多足球赛都是按积分多少决定胜负，而积分的规则很简单：胜一场积3分，平一场积1分，负一场积0分。

图3-68所示为某支球队在一段时间内参加比赛的积分表。

场次	积分
第1场	0
第2场	3
第3场	1
第4场	3
第5场	3
第6场	3
第7场	0
第8场	1
第9场	3
第10场	3
第11场	1
第12场	0

积分为3，表示球队在该场比赛中获得了胜利

图3-68　某球队比赛积分表

如果想根据这张积分表，求这支球队最多连续赢了多少场球，你能找到解决办法吗？如图3-69所示。

连续赢球有1场、2场和3场，最多的是3场。怎样用公式求得这个3？

图3-69　求连续赢球的最多场数

要求连续赢球的最多场数，首先得求出每次连续赢球的场数，再求这些场数的最大值。可是，怎样才能求出每次连续赢球的场数呢？

解决这个问题之前，让我们先来看看图3-70中的表格。

场次	积分	各行行号
第1场	0	2
第2场	3	3
第3场	1	4
第4场	3	5
第5场	3	6
第6场	3	7
第7场	0	8
第8场	1	9
第9场	3	10
第10场	3	11
第11场	1	12
第12场	0	13

图3-70　在积分表中添加辅助列并写入各行行号

添加的行号有什么用，看出玄机了吗？

如果还没有发现，让我们再对这张表格稍做修改，将赢球和未赢球记录的行号分别保存在不同的列中再来看一看，如图3-71所示。

在D列中，所有赢球记录的单元格都被空出来，连续的空单元格有多少个，就说明此处连续赢球多少场

	A	B	C	D	E
1	场次	积分	赢球记录行号	未赢球记录行号	
2	第1场	0		2	
3	第2场	3	3		
4	第3场	1		4	
5	第4场	3	5		
6	第5场	3	6		
7	第6场	3	7		
8	第7场	0		8	
9	第8场	1		9	
10	第9场	3	10		
11	第10场	3	11		
12	第11场	1		12	
13	第12场	0		13	
14					

D列空出来的行号被写在C列中，只要求出C列中有几个数在被空出来的区间内，就知道连续赢了多少场比赛。如此处只需求C列有多少个数值在4和8这个区间内，就知道这里连续赢了多少场球

图3-71　在积分表中分两列写入各行行号

明白了吧？

只要将赢球记录的行号设置为FREQUENCY函数的第1个参数，将未赢球记录的行号设置为第2参数的分段点，就可以求出每次连续赢球的场数了，如图3-72所示。

=FREQUENCY(C2:C13,D2:D13)

F2　{=FREQUENCY(C2:C13,D2:D13)}

	A	B	C	D	E	F	G
1	场次	积分	赢球记录行号	未赢球记录行号		连续赢球场数	
2	第1场	0		2		0	
3	第2场	3	3			1	
4	第3场	1		4		3	
5	第4场	3	5			0	
6	第5场	3	6			2	
7	第6场	3	7			0	
8	第7场	0		8		0	
9	第8场	1		9			
10	第9场	3	10				
11	第10场	3	11				
12	第11场	1		12			
13	第12场	0		13			
14							

分段点有6个数值，函数返回包含7个数值的结果。在统计时，函数自动忽略参数中的空单元格

图3-72　根据行号统计连续赢球的场数

在这个公式中，FREQUENCY函数返回结果中大于0的数值，就是每次连续赢球的场数，而其中的最大值就是连续赢球的最多场数。要求得这个最大值，借助MAX函数就可以解决，如图3-73所示。

=MAX(FREQUENCY(C2:C13,D2:D13))

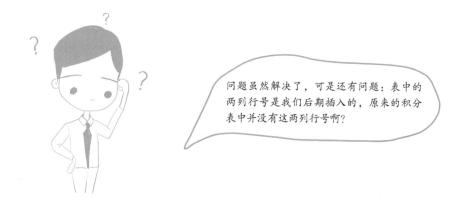

图3-73　求连续赢球的最多场数

问题虽然解决了，可是还有问题：表中的两列行号是我们后期插入的，原来的积分表中并没有这两列行号啊？

虽然积分表中没有C、D两列的行号，但可以用其他公式构造这两列行号。

用公式先求出C、D两列的行号，替换掉公式中对应的参数

=MAX(FREQUENCY(C2:C13,D2:D13))

构造这两列行号，使用IF函数就可以办到，如图3-74所示。

两个公式几乎完全相同，都是IF函数的数组用法，
是多单元格数组公式，需要选中多个单元格，按
<Ctrl+Shift+Enter>组合键确认输入才能看到公式结果

① =IF(B2:B13=3,ROW(2:13),"")   ② =IF(B2:B13<>3,ROW(2:13),"")

	A	B	C	D	E
1	场次	积分	赢球记录行号	未赢球记录行号	
2	第1场	0			
3	第2场	3	3		
4	第3场	1			
5	第4场	3	5		
6	第5场	3	6		
7	第6场	3	7		
8	第7场	0			
9	第8场	1			
10	第9场	3	10		
11	第10场	3	11		
12	第11场	1			
13	第12场	0			
14					

C2 fx {=IF(B2:B13=3,ROW(2:13),"")}

	A	B	C	D	E
1	场次	积分	赢球记录行号	未赢球记录行号	
2	第1场	0		2	
3	第2场	3			
4	第3场	1		4	
5	第4场	3			
6	第5场	3			
7	第6场	3			
8	第7场	0		8	
9	第8场	1		9	
10	第9场	3			
11	第10场	3			
12	第11场	1		12	
13	第12场	0		13	
14					

D2 fx {=IF(B2:B13<>3,ROW(2:13),"")}

图3-74　用IF函数构造行号

最后，将公式组合起来就得到解决这个问题的公式，如图3-75所示。

=MAX(FREQUENCY(IF(B2:B13=3,ROW(2:13),""),IF(B2:B13<>3,ROW(2:13),"")))

D2 fx {=MAX(FREQUENCY(IF(B2:B13=3,ROW(2:13),""),IF(B2:B13<>3,ROW(2:13),"")))}

	A	B	C	D	E	F	G	H	I
1	场次	积分		连续赢球场数					
2	第1场	0		3					
3	第2场	3							
4	第3场	1							
5	第4场	3							
6	第5场	3							
7	第6场	3							
8	第7场	0							
9	第8场	1							
10	第9场	3							
11	第10场	3							
12	第11场	1							
13	第12场	0							
14									

这个公式是数组公式，应按<Ctrl+Shift+Enter>组
合键确认输入才能看到公式正确的计算结果

图3-75　求连续赢球的最多场数

考考你

求某段时间内连续不是晴天的最大天数

在一张记录连续一段时间天气情况的表中，现要根据表中记录的天气情况，求出这些天气中连续不是晴天的最大天数，如图3-76所示。

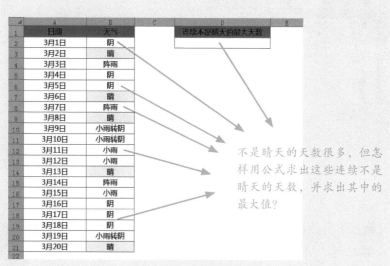

图3-76　天气情况记录表

"连续不是晴天的最大天数"，与前面介绍的"连续赢球（积分是3分）的最大场数"是两个相似的问题。你能仿照前面解决问题的方法，写出解决这个问题的公式吗？扫描二维码，看你写的公式与我们给出的解决方案是否相同。

3.2.13　按中国式排名规则计算名次

计算名次，可以使用RANK函数，如图3-77所示。

=RANK(B2,$B$2:$B$17)

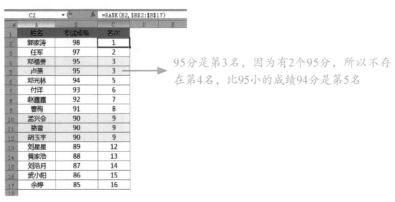

图3-77　用RANK函数求成绩名次

使用RANK函数求名次时，如果有两个第3名，将不存在第4名，这种计算名次的规则并不符合中国人的习惯。

按中国人的习惯，如果存在两个第3名，后面的成绩将继续按第4名、第5名……的顺序依次排列。所以，如果数据表中存在相同的数值，使用RANK函数并不能按中国式规则计算名次。

如果想让Excel按中国式排名规则计算名次，可以借助FREQUENCY函数。

怎么解决？让我们先看看FREQUENCY函数返回结果中大于0的数值个数，与分段点中不重复数值个数之间有什么联系，如图3-78所示。

① = FREQUENCY (A2:A7,B2:B7)

数据	分段点	统计结果
10	10	1
20	20	2
20	20	0
30	30	2
30	30	0
40	40	1

② =FREQUENCY(A2:A7,B2:B6)

数据	分段点	统计结果
10	20	3
20	20	0
20	30	2
30	30	0
30	40	1
40		0

③ =FREQUENCY(A2:A7,B2:B4)

数据	分段点	统计结果
10	30	5
20	30	0
20	40	1
30		0
30		
40		

④ =FREQUENCY(A2:A7,B2)

数据	分段点	统计结果
10	40	6
20		0
20		
30		
30		
40		

图3-78　分段点与返回结果中的数值

发现了吗？分段点中不重复的数值有多少个，函数返回的结果中就有多少个大于0的数值。

　　分段点中不重复的数值每减少一个，统计结果中大于0的数值就减少一个，这就是我们可以利用的地方，如图3-79和图3-80所示。

想知道数值20是列表中的第几名，可以分别将**数值列表**和**数值列表中大于或等于20的数值**，设置为FREQUENCY函数的第1和第2参数，再看统计结果中有几个大于0的数值就行了

图3-79　将数值列表中大于或等于20的数值设置为统计的分段点

图3-80　设置不同的分段点时函数的统计结果

找到解决思路了吗?

要求出某个数值的名次，只要先找出数据列表中**大于或等于该数值的**所有数值，再将这些数值设置为FREQUENCY函数的第2参数，再看统计结果中有多少个大于0的数值就可以了。

确定了解题思路，就可以动手写公式了，如图3-81所示即为其中一种解决方法。

=SUM(--(FREQUENCY($B$2:$B$17,IF($B$2:$B$17>=B2,$B$2:$B$17))>0))

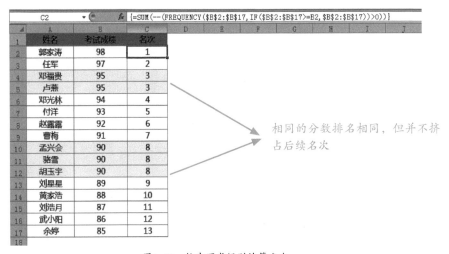

图3-81 按中国式规则计算名次

注意

该公式是数组公式，输入公式时，应按<Ctrl+Shift+Enter>组合键确认输入，否则公式不能完成计算。如果不了解什么是数组公式，可以先阅读第5章中的内容。

本例中公式的计算过程如图3-82所示。

=SUM(--(FREQUENCY($B$2:$B$17,IF($B$2:$B$17>=B2,$B$2:$B$17))>0))

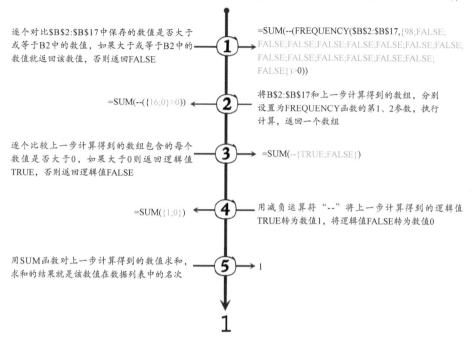

图3-82　公式计算过程

同一个问题，思考问题的角度不同，解决的方法也可能不同。

如本例中的问题，还可以将IF函数的返回结果，设置为FREQUENCY函数的第1参数，将要统计的数据"$B$2:$B$17"设置为统计的分段点，如图3-83所示。

=SUM(--(FREQUENCY(IF($B$2:$B$17>=B2,$B$2:$B$17),$B$2:$B$17)>0))

图3-83　按中国式规则计算名次

但无论以何种思路编写公式，都是从函数的基本用法变化参数而来。再难的问题，只要认真研究，善于总结，就一定能找到解决的方法。

第3节 用TRIMMEAN函数去极值后求平均值

3.3.1 为什么要去极值后再求平均值

"去掉1个最高分9.6分，去掉1个最低分8.2分，1号选手最后得分为9.1分。"

我们经常在各种比赛现场听到主持人这样报参赛选手的比赛得分，参赛选手的最后成绩就是将所有评委的评分，去掉极值后求得的平均分。

什么是极值

说得不规范点，极值就是一组数据中的最大值和最小值。

为什么要去极值后求平均值

在各种比赛中，为了尽量保证评分科学、合理，通常会从评委打分中去掉一定数量的最高分和最低分，再对其余分数求平均值，从而得到参赛选手的最后得分。

去极值后求平均值，目的是为了让计算结果更科学，更合理，更能反映客观事实。

3.3.2 用什么方法可以去极值后求平均值

要想去极值后再求平均值，方法很多。

对一组数据，如果要各去掉其中的一个最大值和一个最小值再求平均值，可以用图3-84所示的方法。

=(SUM(B2:B11)-MAX(B2:B11)-MIN(B2:B11))/(COUNT(B2:B11)-2)

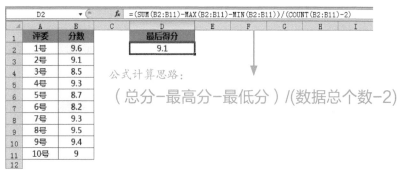

图3-84　去掉一个最高分和一个最低分求平均分

当然，除此之外，一定还有许多公式能解决这一计算问题，你能想到几个？

只去掉一个最大值和一个最小值，解决的方法的确很多，也没有什么难度。

但当要去掉的极值个数是多个时，用这种思路解决可能就会比较麻烦，如图3-85所示。

=(SUM(B2:M2)-MAX(B2:M2)-LARGE(B2:M2,2)-MIN(B2:M2)-SMALL(B2:M2,2))/(COUNT(B2:M2)-4)

公式计算思路：（总分-最高评分-第2个最高评分-最低评分-第2个最低评分）/(评分总个数-4)

图3-85　各去掉2个最大值和最小值后求平均值

发现了吗？如果要去掉的极值个数变多，使用这种方法解决的公式会变长。虽然编写这样的长公式没有多少难度，但的确很麻烦。

当发现解决一个问题的方法很烦琐时，应该想到，Excel可能已经准备了更简单的解决策略。而我们要做的，只是去探索、学习这种方法。

对剔除极值求平均数的问题，Excel就专门准备了TRIMMEAN函数，使用它，可以轻松解决各种剔除极值求平均数的问题，例如，图3-85中的问题就可以使用图3-86所示的公式解决。

=TRIMMEAN(B2:M2,1/3)

	N2		f_x	=TRIMMEAN(B2:M2, 1/3)										
	A	B	C	D	E	F	G	H	I	J	K	L	M	N	O
1	参赛选手	评分1	评分2	评分3	评分4	评分5	评分6	评分7	评分8	评分9	评分10	评分11	评分12	最终得分	
2	胡勇	9.66	6.82	8.9	8.78	7.79	6.87	7.78	8.35	7.82	7.21	8.23	8.82	8.10	
3	杨云	7	7.18	9.66	7.82	8.97	8.13	7.32	9.61	7.77	7.45	9.15	7.52	8.02	
4	罗万红	7.91	8.02	9.25	7.71	6.91	8.69	7.34	7.99	6.81	8.85	9.72	8.73	8.16	
5	李阳	6.81	7.14	8.2	9.57	7.67	9.17	8.92	8.16	9.44	8.68	8.31	9.17	8.54	
6	周艳	8.55	8.4	9.27	6.97	7.57	8.8	7.46	9.17	8.9	9.51	8.15	9.14	8.59	
7	顾光阳	9.55	7.99	8.95	8.84	8.84	9.57	7.85	9.21	8.88	8.52	8.64	7.83	8.73	
8	曹波	7.49	7.45	9	9.17	9.41	7.64	8.1	8.79	8.87	7.52	8.35	9.26	8.43	
9	杨超	9.53	9.74	7.22	7.3	9.1	8.07	7.58	7.66	8.97	8.32	8.13	8.8	8.33	
10	荣小平	7.75	7.5	7.64	7.04	7.22	7.27	7.5	7.14	8.38	9.16	9.16	9.35	7.80	
11															

图3-86　剔除2个最高分和2个最低分后求平均分

好简洁的公式。

公式中的B2:M2是要求平均值的数值，可1/3是什么？有什么作用？

为什么剔除2个最大值和2个最小值要将第2参数设置为1/3（三分之一）？想弄清楚这个问题，让我们先来了解TRIMMEAN函数的计算规则及参数作用。

3.3.3　TRIMMEAN函数的计算规则

TRIMMEAN函数共有两个参数，第1参数是要求平均值的数据，第2参数用来指定要去掉第1参数中数值总个数几分之几的极值数据。

B2:M2中有12个数值，第2参数是1/3，则要去掉的极值个数为12*1/3=4个，即最大值2个，最小值2个

=TRIMMEAN(B2:M2,1/3)

B2:M2是要求平均值的数据区域

明白了吗？

第2参数设置为1/3，表示要去掉数值总个数三分之一的极值。即最大值剔除六分之一，最小值剔除六分之一。

在实际使用时，第2参数的分数不用设置成最简分数，如图3-87所示。

=TRIMMEAN(B2:M2,4/12)

	N2		fx	=TRIMMEAN(B2:M2,4/12)										
	A	B	C	D	E	F	G	H	I	J	K	L	M	N	O
1	参赛选手	评分1	评分2	评分3	评分4	评分5	评分6	评分7	评分8	评分9	评分10	评分11	评分12	最终得分	
2	胡勇	9.66	6.82	8.9	8.78	7.79	6.87	7.78	8.35	7.82	7.21	8.23	8.82	8.10	
3	杨云	7	7.18	9.66	7.82	8.97	8.13	7.32	9.61	7.77	7.45	9.15	7.52	8.02	
4	罗万红	7.91	8.02	9.25	7.71	6.91	8.69	7.34	7.99	6.81	8.85	9.72	8.73	8.16	
5	李阳	6.81	7.14	8.2	9.57	7.67	9.17	8.92	8.16	9.44	8.68	8.31	9.17	8.54	
6	周艳	8.55	8.4	9.27	6.97	7.57	8.8	7.46	9.17	8.9	9.51	8.15	9.14	8.59	
7	顾光阳	9.55	7.99	8.95	8.84	8.84	9.57	7.85	9.21	8.88	8.52	8.64	7.83	8.73	
8	曹波	7.49	7.45	9	9.17	9.41	7.64	8.1	8.79	8.87	7.52	8.35	9.26	8.43	
9	杨超	9.53	9.74	7.22	7.3	9.1	8.07	7.58	7.66	8.97	8.32	8.13	8.8	8.33	
10	荣小平	7.75	7.5	7.64	7.04	7.22	7.27	7.5	7.14	8.38	9.16	9.16	9.35	7.80	
11															

图3-87　将4/12设置为TRIMMEAN函数的第2参数

4是要剔除的极值总个数，12是参与求平均值运算的数值总个数，4/12即为极值数据个数在所有数值中所占的比例。

> 将第2参数设置为类似4/12的非最简分数，更容易看出要剔除的极值个数。我自己更喜欢这样的设置方式，也建议大家这样使用。

如果要剔除的极值个数已经确定，但不确定数据区域中的数值总个数，可以把公式编写成下面的样式：

=TRIMMEAN(数据区域,极值个数/COUNT(数据区域))

如本例中的公式可以写为：

=TRIMMEAN(B2:M2,4/COUNT(B2:M2))

有一点需要注意，因为TRIMMEAN函数的第2参数是一个分数（或小数），该分数（或小数）与第1参数数值个数的乘积即为要去掉的极值总个数，所以第2参数不能小于0，也不能大于1。

并且，应保证第2参数与第1参数中数值总个数的乘积为偶数，如当二者的乘积为10时，则应该剔除的最大值和最小值各占5个。但这并不是必须的，就算二者乘积不是偶数，TRIMMEAN也能完成计算。如果第2参数是0.3，参与计算的数值有10个，则应去掉的极值个数为10*0.3＝3个，即最大值去掉1.5个，最小值去掉1.5个，但TRIMMEAN函数无法去掉1.5个最大或最小值，此时，函数会自动舍去该数值的小数部分，首尾各去掉1个极值。

第4节　汇总筛选或隐藏状态下的数据

提到汇总隐藏状态下的数据，就不得不提SUBTOTAL函数。

SUBTOTAL函数是一个多功能的函数，既可以用来求和，也可以用来求平均值，还可以用来计数……它具有AVERAGE、COUNT、MAX、SUM等11个函数的功能，甚至比这些函数更强大。

3.4.1 SUBTOTAL函数能完成什么计算

用过Excel的分类汇总功能吗？分类汇总能完成哪些计算和统计，一定还记得吧？如图3-88所示。

【汇总方式】下拉列表中的所有统计和计算都可以使用SUBTOTAL函数完成

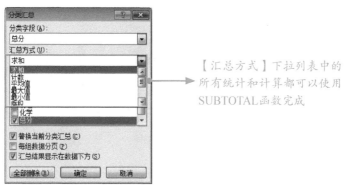

图3-88 【分类汇总】对话框

分类汇总能执行什么计算，SUBTOTAL函数就能执行什么计算。SUBTOTAL函数能完成求和、计数、平均值、最大值、最小值、乘积、数值计数、标准偏差、总体标准偏差、方差、总体方差共11种计算。

让我们先来做个小试验，感受感受，如图3-89所示。

=SUBTOTAL(ROW(A1),$B$2:$B$10)

将第1参数设置为ROW(A1)，当公式向下填充时，会自动更改为ROW(A2)、ROW(A3)……第1参数改变，SUBTOTAL函数的汇总方式也发生改变

E2 =SUBTOTAL(ROW(A1),$B$2:$B$10)

	A	B	C	D	E	F
1	姓名	考试成绩		汇总方式	汇总结果	
2	胡勇	23		平均值	67.89	
3	杨云	49		数值计数	9.00	
4	罗万红	58		计数	9.00	
5	李阳	65		最大值	95.00	
6	周艳	70		最小值	23.00	
7	顾光阳	78		乘积	16484778350040000.00	
8	曹波	85		标准偏差	22.41	
9	杨超	88		总体标准偏差	21.13	
10	荣小平	95		求和	611.00	
11				方差	502.11	
12				总体方差	446.32	
13						

图3-89 让SUBTOTAL函数执行不同的计算

3.4.2 SUBTOTAL函数的计算规则

● 第1参数对应的各种计算

> SUBTOTAL函数可以执行11种计算，应怎样改变它的汇总方式，让它只执行求和计算，而不执行其他10种计算呢？

通过图3-89的小实验我们知道：在数据源不变的情况下，改变SUBTOTAL函数的第1参数，即可改变它的汇总方式。

要让SUBTOTAL函数执行某种指定的计算，只需将第1参数设置为对应的数值即可。当第1参数是1时，函数执行的是求平均值计算，当第1参数是2时，函数执行的是数值计数计算……

现在知道SUBTOTAL函数是怎样切换运算模式的了吧？

> 通过设置第1参数就可以切换函数的运算模式，但是，记住各种不同的参数设置及其对应的计算也是一件麻烦事。

其实不必记住每种参数设置及其对应的计算，当我们在单元格中输入函数的名称SUBTOTAL的后，Excel就会给出相应的提示和预选项，供我们选择使用，如图3-90所示。

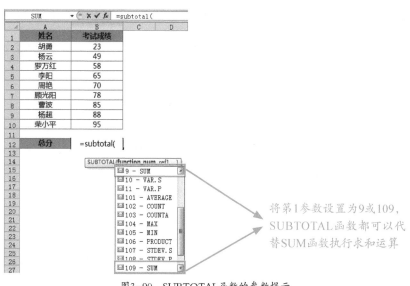

图3-90　SUBTOTAL函数的参数提示

将第1参数设置为9或109，SUBTOTAL函数都可以代替SUM函数执行求和运算

仔细观察Excel给出的下拉列表就可以发现，对同一种运算模式，第1参数都有不同的两种设置方法，如表3-1所示。

表3-1　　　　　　　　　　　SUBTOTAL函数第1参数

第1参数		执行的计算	等同的函数
1	101	平均值	AVERAGE
2	102	数值计数	COUNT
3	103	计数	COUNTA
4	104	最大值	MAX
5	105	最小值	MIN
6	106	乘积	PRODUCT
7	107	标准偏差	STDEV
8	108	总体标准偏差	STDEVP
9	109	求和	SUM
10	110	方差	VAR
11	111	总体方差	VARP

无论将SUBTOTAL函数的第1参数设置为9还是109，函数执行的都是求和运算，如图3-91所示。

	A	B	C	D	E
1	姓名	考试成绩			
2	胡勇	23			
3	杨云	49			
4	罗万红	58			
5	李阳	65			
6	周艳	70			
7	顾光阳	78			
8	曹波	85			
9	杨超	88			
10	荣小平	95			
11					
12	总分（参数设置为9）	611	=SUBTOTAL(9,B2:B10)		
13	总分（参数设置为109）	611	=SUBTOTAL(109,B2:B10)		
14	总分（使用SUM函数）	611	=SUM(B2:B10)		
15					

无论将第1参数设置为9还是109，SUBTOTAL函数计算的结果都与SUM函数相同

图3-91　SUBTOTAL函数与SUM函数的计算结果对比

只汇总和计算筛选结果中的数据

既然SUBTOTAL函数执行的计算和SUM、COUNTA、AVERAGE等函数执行的计算效果相同，为什么不直接使用这些函数进行计算？

虽然SUBTOTAL函数能代替SUM、COUNTA、AVERAGE等函数进行各种汇总和计算，但SUBTOTAL函数的功能与这些函数并不完全相同，SUBTOTAL函数能执行的计算，这些函数不一定能完成。

SUBTOTAL函数与SUM等函数的区别是什么？让我们对工作表中的数据执行自动筛选的操作，看对数据记录进行筛选后，不同公式的计算结果有什么区别，如图3-92所示。

在公式和数据都没有改变的前提下，只对数据区域进
行了筛选操作，公式的结果就发生了改变：其中，
SUBTOTAL函数只对筛选后得到的两条记录进行求和，
而SUM函数是对所有的数据进行求和

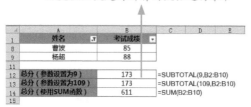

	A	B	C	D	E
1	姓名	考试成绩			
8	曹波	85			
9	杨超	88			
11					
12	总分（参数设置为9）	173	=SUBTOTAL(9,B2:B10)		
13	总分（参数设置为109）	173	=SUBTOTAL(109,B2:B10)		
14	总分（使用SUM函数）	611	=SUM(B2:B10)		
15					

图3-92　筛选数据后SUBTOTAL函数与SUM函数的计算结果

　　如果对数据执行了筛选命令，SUBTOTAL函数只对筛选后得到的数据进
行汇总和计算，这就是SUBTOTAL函数与SUM、COUNTA等函数的区别。

　　正因为SUBTOTAL函数只会对筛选后得到的数据进行计算，所以当需要边筛选边查
看汇总结果的时候，使用它会非常方便，如图3-93所示。

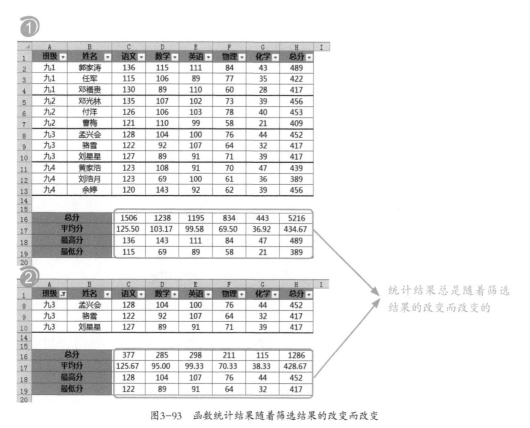

统计结果总是随着筛选
结果的改变而改变的

图3-93　函数统计结果随着筛选结果的改变而改变

让函数忽略隐藏的数据区域

将SUBTOTAL函数的第1参数设置成9或109时，函数都是对筛选结果进行求和运算，二者有什么区别吗？

虽然将第1参数设置为9和109，函数都是执行求和计算，但二者却不完全相同。想弄清楚这两种不同设置的区别，让我们将数据区域隐藏（不是筛选）一部分，看看不同的公式计算结果有什么变化，如图3-94所示。

没有对数据表进行筛选，但第3到9行的数据被隐藏了

参数为9时的SUBTOTAL函数与SUM函数都对所有数据进行求和计算。但参数为109的SUBTOTAL函数忽略了隐藏的数据区域，只对可见单元格进行求和运算

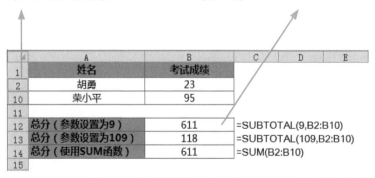

图3-94　第1参数设置为9和109的SUBTOTAL函数的计算结果

第1参数设置为9和109的区别是在计算时是否让隐藏行中的数据参与计算。

再对比其他几组相同计算的设置项后可以发现，当把第1参数设置为101至111的自然数时，SUBTOTAL函数在计算时都会忽略隐藏行中的数据，而将第1参数设置为1至11的自然数时，函数不会忽略隐藏行中的数据，详情如表3-2所示。

表3-2　　　　　　　　　**SUBTOTAL函数第1参数的各种设置及说明**

第1参数		执行的计算	等同的函数
只计算筛选后的结果	只计算筛选后的结果，且忽略被隐藏行中的数据		
1	101	平均值	AVERAGE
2	102	数值计数	COUNT
3	103	计数	COUNTA
4	104	最大值	MAX
5	105	最小值	MIN
6	106	乘积	PRODUCT
7	107	标准偏差	STDEV
8	108	总体标准偏差	STDEVP
9	109	求和	SUM
10	110	方差	VAR
11	111	总体方差	VARP

有一点需要注意：SUBTOTAL函数仅支持行方向上的隐藏统计，如果被隐藏的是列区域，无论将第1参数设置为多少，在计算时函数都不会忽略隐藏列中的数据，如图3-95所示。

隐藏了D:I列的数据，但SUBTOTAL函数的计算结果和SUM函数完全相同，并没有忽略隐藏列中的数据

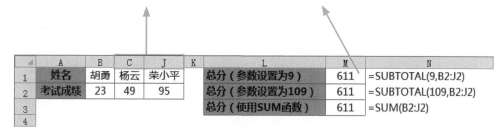

图3-95　SUBTOTAL函数计算时不会忽略隐藏列中的数据

汇总多个不连续区域中的数据

在使用时，最多可以给SUBTOTAL函数设置255个参数，其中第1参数用于指定汇总方式，共有22个可设置项（如表3-2所示），第2至255个参数用于指定要汇总的数据区域。

=SUBTOTAL(❶汇总方式,❷数据区域1,❸数据区域2……)

也就是说，你可以给SUBTOTAL函数设置多个汇总的数据区域。

如果在SUBTOTAL函数的参数中指定了多个数据区域，它将对这些区域中的所有数据进行汇总和计算，并返回一个计算结果，如图3-96所示。

	A	B	C	D	E	F
1	姓名	考试成绩		姓名	考试成绩	
2	胡勇	23		张艳	45	
3	杨云	49		刘平	58	
4	罗万红	58		邓春	64	
5	李阳	65		王万华	65	
6	周艳	70		罗小叶	75	
7	顾光阳	78		王会	81	
8	曹波	85		李华	82	
9	杨越	88		杨国华	91	
10	荣小平	95		刘春艳	92	
11						
12	总分（参数设置为9）	1264	=SUBTOTAL(9,B2:B10,E2:E10)			
13	总分（参数设置为109）	1264	=SUBTOTAL(109,B2:B10,E2:E10)			
14	总分（使用SUM函数）	1264	=SUM(B2:B10,E2:E10)			
15						

共指定了2个区域
参与公式计算

图3-96　汇总多个区域中的数据

3.4.3　使用SUBTOTAL函数生成不间断的序号

在制作表格时，有时出于某种需要，大家会在表格中添加一列序号，如图3-97所示。

序号通常是一组从1开始，且不间断的自然数序列。

	A	B	C	D	E	F	G	H	I	J
1	序号	班级	姓名	语文	数学	英语	物理	化学	总分	
2	1	九1	郭家涛	136	115	111	84	43	489	
3	2	九1	任军	115	106	89	77	35	422	
4	3	九1	邓福贵	130	89	110	60	28	417	
5	4	九2	邓光林	135	107	102	73	39	456	
6	5	九2	付洋	126	106	103	78	40	453	
7	6	九2	曹梅	121	110	99	58	21	409	
8	7	九3	孟兴会	128	104	100	76	44	452	
9	8	九3	骆雪	122	92	107	64	32	417	
10	9	九3	刘星星	127	89	91	71	39	417	
11	10	九4	黄家浩	123	108	91	70	47	439	
12	11	九4	刘浩月	123	69	100	61	36	389	
13	12	九4	余婷	120	143	92	62	39	456	
14										

图3-97　数据表中的序号列

如果这列序号是输入的数值，当执行删除、隐藏、筛选等操作后，就会破坏序号的连续性，如图3-98所示。

对数据进行筛选后，序号不
再是连续的自然数序列

序号	班级	姓名	语文	数学	英语	物理	化学	总分
1	九1	郭家涛	136	115	111	84	43	489
2	九1	任军	115	106	89	77	35	422
6	九2	曹梅	121	110	99	58	21	409
8	九3	骆雪	122	92	107	64	32	417

图3-98　筛选后不连续的序号

如果想在执行删除、隐藏、筛选操作后，表格中的序号始终是一组从1开始的连续的自然数序列，可以借助SUBTOTAL函数生成这些序号，方法如图3-99所示。

=SUBTOTAL(103,B$2:B2)*1

A2		fx	=SUBTOTAL(103,B$2:B2)*1					
序号	班级	姓名	语文	数学	英语	物理	化学	总分
1	九1	郭家涛	136	115	111	84	43	489
2	九1	任军	115	106	89	77	35	422
3	九1	邓福贵	130	89	110	60	28	417
4	九2	邓光林	135	107	102	73	39	456
5	九2	付洋	126	106	103	78	40	453
6	九2	曹梅	121	110	99	58	21	409
7	九3	孟兴会	128	104	100	76	44	452
8	九3	骆雪	122	92	107	64	32	417
9	九3	刘星星	127	89	91	71	39	417
10	九4	黄家浩	123	108	91	70	47	439
11	九4	刘浩月	123	69	100	61	36	389
12	九4	余婷	120	143	92	62	39	456

图3-99　用SUBTOTAL函数生成序号

在这个公式中，SUBTOTAL函数的第1参数是103，函数将执行计数计算，第2参数的B$2:B2使用混合引用样式，当公式向下填充时，该区域会随之变为B$2:B3、B$2:B4、B$2:B5、B$2:B6……从而得到一组类似1、2、3、4、5……的自然数序列。

用SUBTOTAL函数设置好序号后，当隐藏或筛选数据表中的记录后，SUBTOTAL函数会重新计算，并返回一组新的从1开始的连续的自然数序列，如图3-100所示。

A9中的序号是5，是因为B2:B9中的可见单元格有5个。SUBTOTAL
函数的第1参数是103，函数在计算时忽略了隐藏行（不可见行）
中的数据

	A9		▼	f_x	=SUBTOTAL(103,B$2:B9)*1				
	A	B	C	D	E	F	G	H	I	J
1	序号 ▼	班级 ▼	姓名 ▼	语文 ▼	数学 ▼	英语 ▼	物理 ▼	化学 ▼	总分 ▼	
3	1	九1	任军	115	106	89	77	35	422	
5	2	九2	邓光林	135	107	102	73	39	456	
6	3	九2	付洋	126	106	103	78	40	453	
7	4	九2	曹梅	121	110	99	58	21	409	
9	5	九3	骆雪	122	92	107	64	32	417	
11	6	九4	黄家浩	123	108	91	70	47	439	
12	7	九4	刘浩月	123	69	100	61	36	389	
13	8	九4	余婷	120	143	92	62	39	456	
14										

图3-100　筛选后连续的序号

注意

　　本例中的公式是通过使用SUBTOTAL函数统计B列的非空单元格个数，将该结果作为数据表的序号。为了保证每个单元格中返回的数值均不相等，应保证B列中不存在空单元格，或重新选择一列不存在空单元格的引用作为SUBTOTAL函数的第2参数。

> SUBTOTAL函数用于计数，可
> 公式最后的"*1"有什么用？

　　想知道"*1"有什么用，先来对比有或没有"*1"的公式结果的区别，如图3-101
所示。

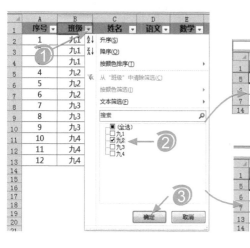

=SUBTOTAL(103,B$2:B5)*1

=SUBTOTAL(103,B$2:B5)

筛选的是班级为"九2"的记录，为什么最
后一行还是"九4"的记录？

图3-101 公式是否有"*1"的结果对比

不加"*1"时，无论筛选什么，数据表的最后一行都会始终显示在表中，这是因为只使用SUBTOTAL函数汇总，Excel会把最后1行当成表格的汇总行，始终显示在表格的末尾。让公式"*1"的目的，是为了让单元格中的序号不是SUBTOTAL函数直接计算的结果，让Excel把最后1行当成普通的数据记录，而不用始终显示在表格的末尾。

当然，也可以使用"+0""-0"或其他不改变SUBTOTAL函数计算结果的运算代替它。除此之外，还可以在序号列使用公式：

=SUBTOTAL(103,B$2:B2)

然后将该公式填充到数据表后的第1个空行，让Excel将这条空行当成汇总行，这样原来表中的最后1条记录就不会始终显示在筛选后的数据表中了，如图3-102所示。

序号	班级	姓名	语文	数学	英语	物理	化学	总分
1	九1	郭家涛	136	115	111	84	43	489
2	九1	任军	115	106	89	77	35	422
3	九1	邓福贵	130	89	110	60	28	417
4	九2	邓光林	135	107	102	73	39	456
5	九2	付洋	126	106	103	78	40	453
6	九2	曹梅	121	110	99	58	21	409
7	九3	孟兴会	128	104	100	76	44	452
8	九3	骆雪	122	92	107	64	32	417
9	九3	刘星星	127	89	91	71	39	417
10	九4	黄家浩	123	108	91	70	47	439
11	九4	刘浩月	123	69	100	61	36	389
12	九4	余婷	120	143	92	62	39	456
12								

序号	班级	姓名	语文	数学	英语	物理	化学	总分
1	九2	邓光林	135	107	102	73	39	456
2	九2	付洋	126	106	103	78	40	453
3	九2	曹梅	121	110	99	58	21	409
3								

图3-102　将公式填充到第1个空行中

在图3-102所示的表格中，如果嫌A14中多出来的序号影响表格的外观，也可以换一种方式，在该单元格中输入其他的公式，如"="""，这样就变相地隐藏了空行中的内容了，快去试试吧。

第**4**章 查找和引用数据的高手

　　微博上曾经流传过一个关于Excel函数的段子，其中有几句是这样的：

　　VLOOKUP说它查询匹配厉害，LOOKUP就笑了；INDEX说它引用厉害，INDIRECT就笑了……

　　也许大家会觉得这条段子的描述稍显夸张，但LOOKUP、INDIRECT等查找引用函数，相比其他函数而言，的确有自己特别的地方，使用它们解决某些问题，会占很大的优势。

　　具体有什么优势呢？让我们通过这一章的学习，寻找这个问题的答案。

在《别怕，Excel函数其实很简单》中，我们已经介绍过这些函数的用法，大家还记得吗？

没错，查询函数的确很多，但在众多的查询函数中，如果要问谁最厉害，本领最强？我觉得应该是LOOKUP函数。

凭借查询快速、应用广泛、功能强大等优点，LOOKUP函数可以说是查找和引用函数中一颗璀璨的明星，然而许多不熟悉它的朋友却很畏惧它，觉得它很深奥很难懂。

事实上，LOOKUP函数远非传说中的那么难，它与VLOOKUP、MATCH等函数有很多相似之处。

4.1.1 LOOKUP函数与MATCH函数的相似之处

LOOKUP函数的功能，与第3参数设置为1的MATCH函数类似，如图4-1和图4-2所示。

=MATCH(A2,C2:C9,1)

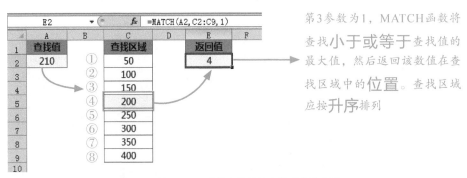

第3参数为1，MATCH函数将查找小于或等于查找值的最大值，然后返回该数值在查找区域中的位置。查找区域应按升序排列

图4-1　用MATCH函数查找数据在数列中的位置

=LOOKUP(A2,C2:C9)

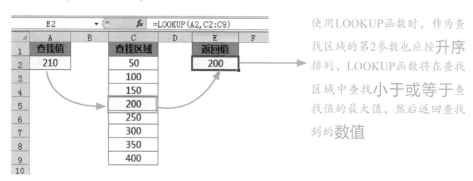

图4-2 用LOOKUP函数查找指定的数据

MATCH函数返回的是数据在数据列表中所在的位置，而LOOKUP返回的是数据本身，这就是二者的区别。

有人说，LOOKUP函数的用法很难理解。其实，通过这两个例子，我们已经掌握了它最关键的几条信息：

①查找方式与第3参数为1的MATCH函数相同；

②查找区域，即第2参数中的数据必须按升序排列；

③第2参数中小于或等于查找值的最大值就是函数查找到匹配结果。

其实，对LOOKUP函数，只要掌握这些信息也基本够了。

当然，LOOKUP函数并不只是这么简单，根据不同的参数样式，可将其分为数组形式和向量形式两种。要想能熟练地使用LOOKUP函数，让我们再花点时间来认识它们。

4.1.2 LOOKUP函数的数组形式

数组形式的LOOKUP函数有两个参数：一个是查找值，另一个是包含查找值与返回值的数组。

LOOKUP函数的第2个参数可以设置为任意行列的常量数组或区域数组，但无论是什么数组，查找值所在行或列的数据都应按升序排列

=LOOKUP（❶查找值,❷数组）

图4-2中的公式就是LOOKUP函数的数组形式。

LOOKUP函数使用数组形式时，函数将在第2参数的首列或首行查找与第1参数匹配的值，并返回数组最后一列或最后一行对应位置的数据，如图4-3和图4-4所示。

=LOOKUP(A2,C2:E9)

图4-3　返回数组最后1列数据

=LOOKUP(B6,B1:G3)

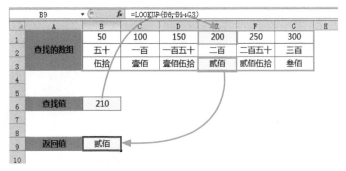

图4-4　返回数组最后1行的数据

LOOKUP函数既可以像VLOOKUP函数那样进行纵向查找，返回最后一列的数据，也可以像HLOOKUP函数那样进行横向查找，返回最后一行的数据。

> 可是，怎么确定LOOKUP函数的查找方向是纵向还是横向？函数什么时候返回数组中最后一列的数据？什么时候返回数组中最后一行的数据？

LOOKUP函数根据第2参数的行列数确定其查找的方向及返回值：

❶ 当数组的行数大于或等于列数时，LOOKUP函数进行纵向查找，返回数组中最后一列的数据，功能与VLOOKUP函数类似。

❷ 当数组的行数小于列数时，LOOKUP函数进行横向查找，返回数组中最后一行的数据，功能与HLOOKUP函数类似。

考考你

了解了LOOKUP函数数组形式的查找规则后，你知道图4-5中H2单元格中的公式返回什么结果码？

=LOOKUP(A2,C2:F5)

手机扫描二维码，可以查看该公式的计算过程及返回结果。

	A	B	C	D	E	F	G	H	I
1	查找值			查找的数组				公式	
2	90		40	60	80	120		=LOOKUP(A2,C2:F5)	
3			50	函数	五十	伍拾			
4			100	Excel	一百	壹佰			
5			150	LOOKUP	一百五十	壹佰伍拾			
6									

图4-5　LOOKUP函数的数组形式

4.1.3 LOOKUP函数的向量形式

向量形式的LOOKUP函数有3个参数：

第2参数和第3参数是**行列数相同**的**单列**数组或
单行数组，且第2参数的数组应按**升序**排列

=LOOKUP（❶查找值，❷查找值数组，❸返回值数组）

使用向量形式的LOOKUP函数，查找时，函数将在第2参数中查找小于或等于第1参数的最大值，找到后，返回第3参数中相同位置的数据，如图4-6和图4-7所示。

=LOOKUP(A2,C2:C9,E8:E15)

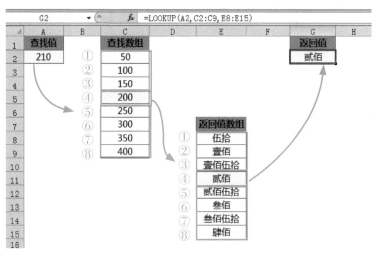

图4-6 LOOKUP函数的向量形式

=LOOKUP(B1,B4:G4,B7:G7)

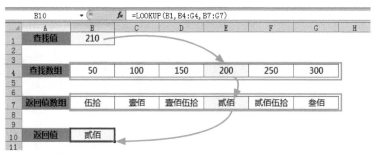

图4-7 LOOKUP函数的向量形式

LOOKUP函数的数组形式和向量形式之间的区别，其实就是参数设置上的区别。但无论使用哪种形式，查找规则都相同：查找小于或等于第1参数的最大值，再根据找到的匹配值确定返回结果。

了解这点，就可以使用LOOKUP函数解决遇到的查询问题了。

4.1.4　求A列的最后一个数值

如果要求A列的最后一个数值（包括日期值），可以用图4-8所示的公式。

=LOOKUP(9E+307,A:A)

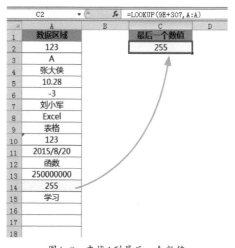

图4-8　查找A列最后一个数值

这个公式利用了LOOKUP函数在查找时总是查找小于或等于第1参数的最大值，以及第2参数的数组应按首列或首行升序排列这两个要求。

可是，什么是"9E+307"？为什么要查找"9E+307"？LOOKUP函数怎么知道255就是A列的最后一个数值？

问题很多，让我们逐个进行解答。

问题①：什么是"9E+307"？

在Excel中，"9E+307"是一个用科学计数法表示的数值，等同于数学里的9×10^{307}，是一个很大的数值，接近能在单元格中输入的最大数值。

实际上，能在Excel单元格中输入的最大数值为9.99999999999999E+307，即$9.99999999999999 \times 10^{307}$。但因为几乎不会用到这样大的数值，所以为了简便，当要查找一个大于工作表中所有数值的数值时，大家习惯使用"9E+307"。

在这个公式中，LOOKUP函数的第1参数是"9E+307"，是因为我们想将LOOKUP函数的查找值设置为一个大于A列中所有数值的数值，当然，如果已经知道A列中可能出现的数值范围，可以用其他数值代替。

问题②：为什么要将查找值设置为一个很大的数值？

因为LOOKUP函数在查找时，总是将小于或等于查找值的最大值作为自己的匹配值。将查找值设置为比A列中所有数值大的"9E+307"，就能确保A列中任何一个数值都有机会被LOOKUP函数匹配。

问题③：A列最后一个数值不一定是最大的数值，LOOKUP为什么能找到它？

在使用LOOKUP函数时有一个要求：第2参数的数组应按首列或首行的数据升序排列，将最小的数据排在前面，最大的数据排在后面。

无论我们是否对数据排过序，LOOKUP都认为这是一个排过序的数组，也因此会认为排在后面的数值比排在前面的数值大。

因此，A列的最后一个数值虽然不是最大的数值，但LOOKUP认为A列的数据已经按升序排列，而排在最后的数值就是小于9E+307的最大数值。

问题④：在最后一个数值255之后还有文本"学习"，为什么LOOKUP找到的不是文本"学习"？

在Excel中，不同的数据类型也有大小之分：数值最小，文本比数值大，最大的是逻辑值TRUE，详情如图4-9所示。

...... -2 -1 0 1 .... A ...... Z ...... FALSE TRUE → 大

图4-9 Excel中的数据大小

"9E+307"是数值，比任何文本都小，而LOOKUP函数查找的是小于或等于查找值的最大值，所以找到的匹配值不可能是比自己大的文本。

好了，你明白LOOKUP函数是怎样找到A列的最后一个数值了吗?

4.1.5 求A列最后一个文本

想求A列最后一个文本，思路与求A列最后一个数值的思路相同，即在A列查找一个接近Excel中最大文本的字符即可，方法如图4-10所示。

=LOOKUP(REPT("咗",255),A:A)

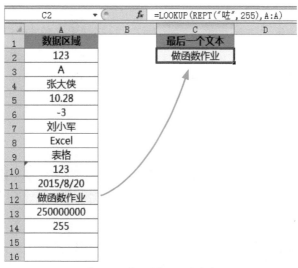

图4-10 求A列最后一个文本

本例的公式使用的也是LOOKUP函数的数组形式，在公式中，LOOKUP函数的第1参数是"REPT("咗",255)"，即由255个"咗"组成的字符，该字符串是一个很大的文本字符串。同查找一个很大的数值可以得到A列最后一个数值一样，用LOOKUP在A列中查找它，就能找到A列的最后一个文本。

对这个公式，也许大家还有些地方不明白，那让我们再来了解几个问题。

问题①：为什么255个"咗"组成的是一个很大的字符串？

因为汉字的大小顺序与对应的音节顺序相同，汉语拼音中最后一个音节是zuo，而"咗"对应的音节正是zuo。

问题②：为什么选择"咗"而不是其他音节也是zuo的字符？

事实上，"咗"是不是最大的汉字，我不敢肯定，我只是随手从书架上抽了一本词典，看到这个字排在最后，所以选了它。

排在后面的字总比排在前面的字大，对吧？

如果有兴趣，你可以将所有读音是zuo的字列出来，然后利用排序的方式看看谁最大。

其实很多网友更喜欢用日文里的"々"作为LOOKUP函数的第1参数，因为它比所有的汉字大，使用它更保险，可输入"々"没有输入"咗"简单（在Excel中，按着<Alt>键的同时，用小键盘输入41385，松开<Alt>键即可得到"々"），而且在表中输入大于"咗"的汉字的概率很小，所以我选择使用"咗"。

这只是图方便，不是规定。

问题③：为什么要用REPT函数生成255个"咗"？

因为两个字的"咗咗"比一个字的"咗"大，比三个字的"咗咗咗"小，设置255个"咗"作为查找值，是为了尽量让查找值比工作表中所有字符串都大，保证函数返回正确的匹配值。

同样，这也不是规定，如果需要，我们甚至可以使用32767个"咗"作为函数的第1参数，但是，我认为255个已经绰绰有余了。

4.1.6　求A列中最后一个非空单元格的数据

最后一个非空单元格，保存的可能是数值，也可能是文本，还可能是其他类型的数据。要解决这样的问题，可以用图4-11所示的公式。

=LOOKUP(1,0/(A:A<>""),A:A)

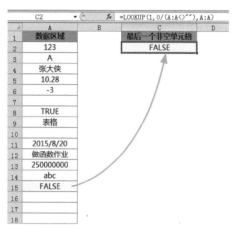

图4-11　求A列中最后一个非空单元格的数据

这个公式使用的是LOOKUP函数的向量用法。

我们一共给LOOKUP函数设置了3个参数，第1参数是数值1，第2参数是"0/(A:A<>"")"的计算结果，第3参数是A:A。

这个公式与前面的公式思路并不相同，公式是怎样找到最后的非空单元格的？公式中的"0/(A:A<>"")"有什么用？

LOOKUP函数能找到A列的最后一个非空单元格，可以说，第2参数的"0/(A:A<>"")"起了关键的作用。

在计算时，公式通过"0/(A:A<>"")"逐个判断A列中的单元格是否为空单元格，返回一个由逻辑值TRUE和FALSE组成的数组，然后用0除以这个数组中的TRUE和FALSE，得到一个由数值0和错误值"#DIV/0!"组成的数组，如图4-12所示。

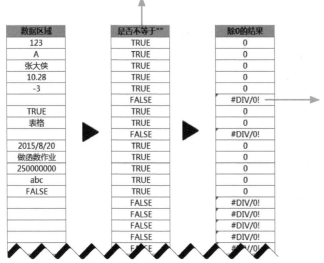

执行比较运算后，在所有非空单元格对应位置均返回逻辑值TRUE，其他位置返回逻辑值FALSE

执行除法运算时，TRUE被当成数值1，而FALSE被当成数值0。因为0不能作除数，所以在所有FALSE对应的位置均返回错误值"#DIV/0!"，其他位置返回数值0

图4-12　"0/(A:A<>"")"的计算结果

将执行比较运算和算术运算后的数组设置为LOOKUP函数的第2参数，公式将在第2参数中查找小于或等于1的最大值，再返回第3参数的A:A中对应的数据，如图4-13所示。

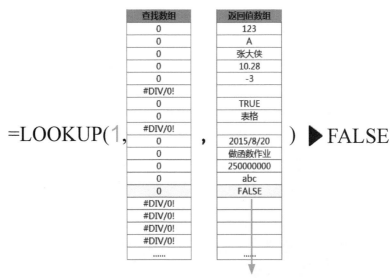

在0和错误值"#DIV/0!"组成的数组中，小于或等于1的最大值就是最后一个数值0，与其位置相同的A列中的数据就是最后一个非空单元格中的数据

图4-13　查找最后一个非空单元格中的数据

4.1.7　按员工姓名查询销售额

对图4-14所示的查询问题，相信大家都能想到很多可以解决这一问题的函数吧？如VLOOKUP函数、INDEX函数和MATCH函数等。

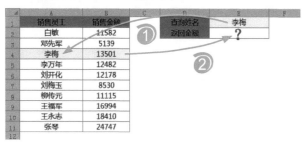

图4-14　根据员工姓名查询销售金额

除了这些函数，也可以使用LOOKUP函数来解决这一问题，如果已将数据表按姓名升序排列，用LOOKUP函数解决的公式如图4-15所示。

=LOOKUP(E1,A:B)

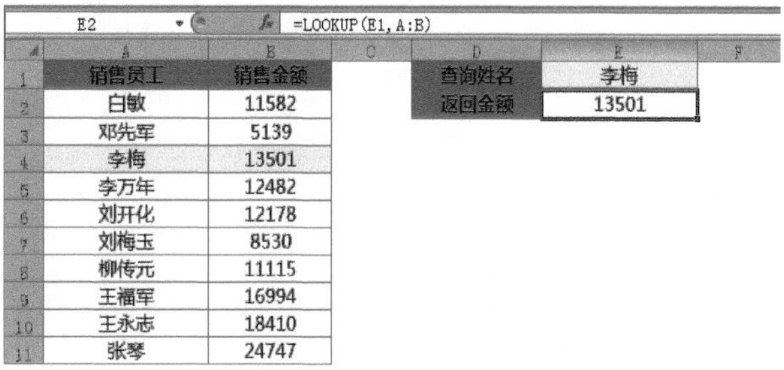

图4-15　根据员工姓名查询销售金额

这个公式替LOOKUP函数设置了2个参数，这是LOOKUP函数数组形式的用法，也可以使用向量形式的LOOKUP函数来解决，如图4-16所示。

=LOOKUP(E1,A:A,B:B)

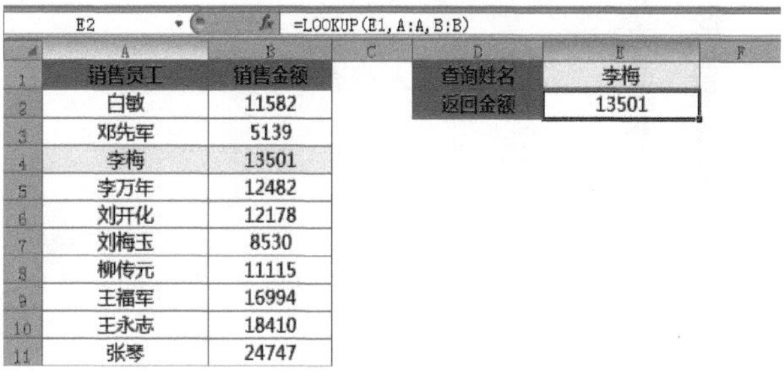

图4-16　根据员工姓名查询销售金额

但无论使用何种形式进行查找，在查找前，都应该将数据区域按姓名进行升序排序，否则LOOKUP函数不一定返回正确的结果，如图4-17所示。

=LOOKUP(E1,A:A,B:B)

图4-17　在未排过序的表格中查询数据

4.1.8　在未排序的数组中进行查找

按姓名查找销售额，需要将数据表按姓名进行升序排列，太麻烦了，根本没有VLOOKUP函数简单。

我们强调，在使用LOOKUP函数时，应将查找区域中的数据按升序排序，但并不意味着LOOKUP函数不能在乱序的数组中进行查找。

如果数据表未按姓名排过序，想查找指定姓名对应的销售额，可以用如图4-18所示的公式。

=LOOKUP(1,0/(A2:A11=E1),B2:B11)

图4-18　根据姓名查询销售金额

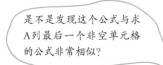 

是不是发现这个公式与求A列最后一个非空单元格的公式非常相似?

没错,在乱序排序的工作表中,按姓名查找销售金额的公式,与查找A列最后一个非空单元格的公式在结构上是完全相同的。

这两个公式的关键都是函数第2参数的计算式,通过这个计算式生成一个由数值0和错误值 "#DIV/0!" 组成的数组,在这个数组中找到小于或等于1的最大值0,再返回第3参数中相同位置的数据,即可得到指定姓名对应的销售金额,详细的计算步骤为:

=LOOKUP(1,0/(A2:A11=E1),B2:B11)

第1步:逐个比较A2:A11中姓名是否与E1中的姓名相同,如果相同,返回TRUE,否则返回FALSE

=LOOKUP(1,0/{FALSE;FALSE;FALSE;FALSE;FALSE;TRUE;FALSE;FALSE;FALSE;FALSE},B2:B11)

第2步:用0除以第1步计算后得到的逻辑值。0与TRUE相除结果为0,与FALSE相除返回 "#DIV/0!"

=LOOKUP(1,{#DIV/0!;#DIV/0!;#DIV/0!;#DIV/0!;#DIV/0!;0;#DIV/0!;#DIV/0!;#DIV/0!;#DIV/0!},B2:B11)

第3步:在第2步计算得到的数组中查找数值1,0即为LOOKUP函数查询到的匹配值,于是返回第3参数B2:B11中对应位置的数据12482

12482

"=LOOKUP(1,0/(查询区域=查询条件),返回值数组)",这是一个通用的查询公式结构,利用这个结构的公式,几乎可以解决日常遇到的各种查询问题,包括单条件查询、模糊匹配查询和多条件查询问题。

4.1.9 按多个查询条件进行查找

如果想用VLOOKUP函数解决多条件查询问题,需要借助辅助列或数组公式,操作起来有些复杂,但如果使用LOOKUP函数,解决方式与单条件查询的方法没有太大区别。

在图4-19所示的表格中,就是利用LOOKUP函数在数据表中查找指定员工在指定月份的销售金额。

=LOOKUP(1,0/((A2:A10=F1)*(B2:B10=F2)),C2:C10)

图4-19　根据姓名和月份查询销售金额

这个公式与前面例子中按姓名查询金额(单条件查询)的公式在结构上是完全相同的,并且在查询时不用对数据表进行任何排序。

在本例的公式中,第2参数是"0/((A2:A10=F1)*(B2:B10=F2))",计算时,Excel会先执行其中的两个比较运算"A2:A10=F1"和"B2:B10=F2",判断销售员工和销售月份是否满足查询条件,然后执行乘法运算,得到一个由数值0和1组成的数组,如图4-20所示。

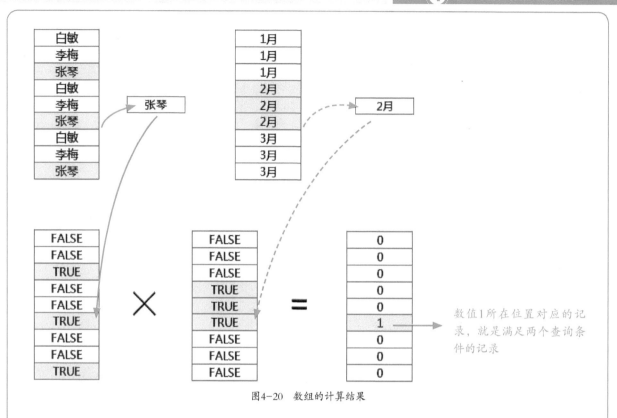

图4-20 数组的计算结果

用0除以图4-20中返回的数组，可得到一个由数值0与错误值"#DIV/0！"组成的数组，在该数组中查询小于或等于1的最大值，第3参数的数组中对应位置的数据即为符合两个查询条件对应的销售金额，如图4-21所示。

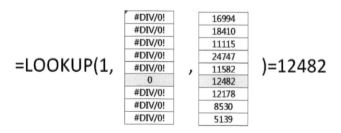

图4-21 LOOKUP的3个参数及查询结果

整个公式的计算步骤为：

=LOOKUP(1,0/((A2:A10=F1)*(B2:B10=F2)),C2:C10)

第1步：执行比较运算，返回两个由TRUE和FALSE组成的数组

=LOOKUP(1,0/({FALSE;FALSE;TRUE;FALSE;FALSE;TRUE;FALSE;FALSE;TRUE}*{FALSE;FALSE;FALSE;TRUE;TRUE;TRUE;FALSE;FALSE;FALSE}),C2:C10)

第2步：将两个数组中对应位置的逻辑值相乘，得到一个由数值0和1组成的数组。只有TRUE与TRUE相乘时才返回1，其他全部返回0

=LOOKUP(1,0/{0;0;0;0;0;1;0;0;0},C2:C10)

第3步：用数值0除以上一步计算后得到的数组，得到一个由数值0和错误值#DIV/0!组成的数组

=LOOKUP(1,{#DIV/0!;#DIV/0!;#DIV/0!;#DIV/0!;#DIV/0!;0;#DIV/0!;#DIV/0!;#DIV/0!},C2:C10)

第4步：在上一步计算得到的数组中，查找小于或等于1的最大值，返回第3参数C2:C10中对应位置的数据，即可得到满足两个查询条件的结果

12482

如果查询条件不止两个，只需在LOOKUP函数的第2参数中添加用于判断是否符合查询条件的比较运算式：

=LOOKUP(1,0/((条件1区域=条件1)*(条件2区域＝条件2) *(条件3区域＝条件3) *……*(条件n区域＝条件n)),返回值区域)

4.1.10 为学生考试成绩评定等次

为学生成绩评定等次，解决的方法和函数很多，使用IF函数的解决方法如图4-22所示。

=IF(AND(B2>=0,B2<90),"不及格",IF(B2<120,"及格",IF(B2<140,"良好","优秀")))

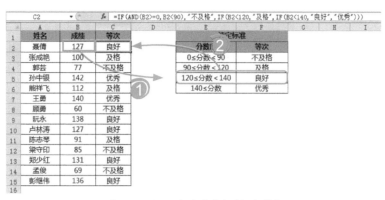

图4-22　用IF函数为考试成绩评定等次

　　使用IF函数写这样的公式难度不大，但如果公式中使用的IF函数和公式嵌套的层数较多，势必会对解读和维护公式带来一些障碍。

　　当然，我们肯定能找到其他更好的解决方法，如使用LOOKUP函数解决，方法如图4-23所示。

　　　第2参数是一个4行2列的区域数组，函数将在该区域的第1列查找小于或等于B2成绩的最大值，然后返回第2列中相同位置的等次

=LOOKUP(B2,$F$3:$G$6)

为保证查询结果正确，F列中的数据应按升序排列

图4-23　用LOOKUP函数为成绩评定等次

　　在这个公式中，LOOKUP函数只有两个参数，使用的是函数的数组形式，也可使用向量形式，将公式写为：

=LOOKUP(B2,$F$3:$F$6,$G$3:$G$6)

如果嫌工作表中的参照表影响表格外观，可以将其删除，用常量数组替代它，将公式写为：

=LOOKUP(B2,{0,"不及格";90,"及格";120,"良好";140,"优秀"})

或

=LOOKUP(B2,{0;90;120;140},{"不及格";"及格";"良好";"优秀"})

是不是觉得这种解决方法比IF函数的解决方法更容易理解？

第2节　用INDIRECT函数将文本转为引用

4.2.1　什么是文本？什么是引用？

什么是文本？什么是引用？将文本转为引用有什么用？

在Excel中，文本就是字符串，由汉字、字母、数字等字符组成的字符串，比如公式=A1&"Excel"中的"Excel"就是文本。而引用就是单元格地址，比如公式=A1&"Excel"中的A1就是引用，引用指向的是与它对应的单元格中保存的数据。

从文本本身就能知道其内容，而单看引用却不能知道其对应的数据是什么，这是文本和引用的区别。

4.2.2 公式中A1与"A1"的区别

A1和"A1"，从外观上看，就是一对英文半角引号的区别。

在Excel的公式中，带英文半角双引号的"A1"是文本，如公式="A1"&"B1"中的"A1"和"B1"都是两个字符组成的文本。由单纯的字母和数字组成的A1是引用，如公式=A1&B1中的A1和B1就是对单元格的引用。

对于类似"A1"的字符串，虽然它有着与单元格引用相同的外观，但从本质上看，它与字符串"abcde"或"我是中国人"没有什么区别，只是一个常量。在公式中它将直接参与运算，不受任何单元格或其他数据的影响。当我们在任意单元格中输入公式="A1"&"B1"后，Excel会直接将这两个字符串连接成一个新的字符串，返回"A1B1"，如图4-24所示。

="A1"&"B1"

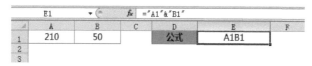

图4-24 连接文本字符串

类似A1的引用是一个能让Excel识别的单元格地址，如果在公式中使用了引用，Excel会根据这个引用去寻找与其对应的单元格中的数据参与公式计算，如图4-25所示。

=A1&B1

参与运算的是A1与B1单元格中的数据210和50，公式返回的结果随这两个单元格中保存数据的变化而变化

图4-25 连接单元格中的数据

"A1"是常量，作为引用的A1是变量。"A1"和A1的区别，就是引用单元格的数据还是让其本身直接参与公式运算的区别，这也是文本字符串与单元格引用的区别。

4.2.3 可以用INDIRECT函数将文本转为引用

对于一个文本，虽然它具有与引用相同的外观，但通过它并不能引用单元格中的数据，如图4-26所示。

="A2"

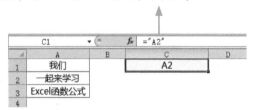

尽管"A2"符合A1样式的引用规则，但它是字符串，不是
引用，所以公式返回结果为字符串本身"A2"

图4-26　公式中的文本

文本不是引用，但如果文本具有与引用相同的外观，就可以用INDIRECT函数将其转
为对应的引用，如图4-27所示。

=INDIRECT("A2")

INDIRECT函数的参数是文本"A2"，函数将其转为对
应的引用A2，等同于公式"=A2"，所以公式返回
A2单元格中的数据"一起来学习"

图4-27　用INDIRECT函数将文本转为引用

4.2.4　转化不同样式的引用

所有符合Excel引用样式的文本，无论是A1样式，还是R1C1样式，都能使用
INDIRECT函数将其转化为引用。

INDIRECT函数有两个参数，分别用来设置要转为引用的文本和要转换的引用样式。

文本的外观样式应与第2参数指定的引用样式相同

=INDIRECT(❶ 要转为引用的文本, ❷ 引用样式)

如果将第2参数省略或设置为TRUE，函数将把文本转为
A1样式的引用，如果将第2参数设置为FALSE，函数将
把文本转为R1C1样式的引用

函数的使用效果如图4-28所示。

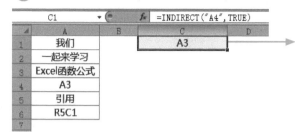

① =INDIRECT("A4",TRUE)

"A4"是文本，函数将其转为对A4单元格的引用，所以公式返回A4单元格中保存的"A3"

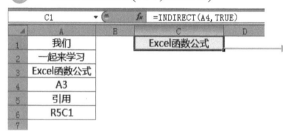

② =INDIRECT(A4,TRUE)

A4是引用而不是字符串，公式先引用A4单元格中的文本"A3"，再用INDIRECT函数将文本"A3"转为对A3单元格的引用，所以公式返回A3单元格中的数据

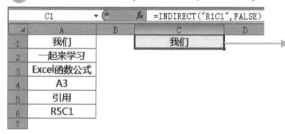

③ =INDIRECT("R1C1",FALSE)

第1参数是文本"R1C1"，将INDIRECT函数的第2参数设置为FALSE，函数将其转为对A1单元格的引用R1C1，并返回其中保存的"我们"

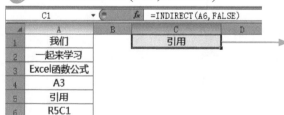

④ =INDIRECT(A6,FALSE)

第1参数是单元格引用A6，公式先引用其中的文本"R5C1"，再用INDIRECT函数将其转为引用R5C1，并返回其对应的单元格A5中保存的"引用"

图4-28 用INDIRECT函数将文本转为引用

　　在使用INDIRECT函数时，有一点需要注意：如果第1参数的文本是类似"A1"的文本，只能将第2参数设置为TRUE；如果第1参数的文本是类似"R1C1"样式的文本，只能将第2参数设置为FALSE。否则，函数无法完成转换任务，将返回错误值"#REF!"，如图4-29和图4-30所示。

=INDIRECT("A4",FALSE)

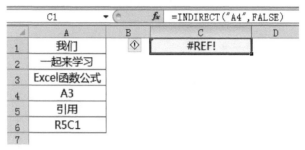

图4-29　错误的函数参数

=INDIRECT("R1C1",TRUE)

图4-30　错误的函数参数

4.2.5　什么时候可能用到INDIRECT函数

既然公式"=INDIRECT("A2")"与"=A2"的效果相同，为什么不直接输入"=A2"，还要使用INDIRECT函数进行转换，不是多此一举吗？

　　的确，如果预先已经知道公式要引用哪个单元格，只需直接在公式中输入该单元格的地址。但如果预先并不确定要引用的单元格，要引用的单元格地址保存在某个单元格中，或需要通过其他公式计算得到，就需要使用INDIRECT函数了，如图4-31所示。

=INDIRECT("B"&MATCH(E1,A:A,FALSE),TRUE)

图4-31 查找指定员工的销售金额

在计算时，公式先用MATCH函数确定指定姓名在A列中的位置，再将字符"B"与MATCH函数返回的数值连接成类似"B7"的字符串，最后用INDIRECT函数将其转为对应的引用，让公式返回其中保存的数据，通过这样的方式解决查询和匹配问题。

4.2.6 合并多表数据到一张工作表中

现有多张结构相同的工作表，如图4-32所示。

	A	B	C
1	姓名	林飞	
2	性别	女	
3	出生年月	1980/7/1	
4	学历	本科	
5	参加工作时间	2005/9/5	
6	所在部门	销售部	
7			

图4-32 保存信息的工作表

如果想将这些工作表中的信息，汇总到图4-33所示的表格中，可以用什么方法？

	A	B	C	D	E	F	G
1	姓名	性别	出生年月	学历	参加工作时间	所在部门	
2							
3							
4							
5							
6							
7							
8							

图4-33 汇总信息的工作表

用最原始的操作——复制粘贴就可以解决，如果工作表不多，也花不了多少时间。

但是，如果工作表很多呢？

如果有几百，甚至更多工作表的信息需要汇总，估计复制到手软也还没完成，但如果借助INDIRECT函数解决，就简单多了。

Step 1 在汇总表中插入一列辅助列，在辅助列中输入各工作表的标签名称，如图4-34所示。

A列就是辅助列，为便于汇总，应让辅助列中输入的数据与各工作表的名称完全一致

工作表名	姓名	性别	出生年月	学历	参加工作时间	所在部门	
1							
2							
3							
4							
5							

汇总 / 1 / 2 / 3 / 4 / 5

图4-34　在汇总表中添加的辅助列

提示

如果待汇总的工作表较多，且名称不是有规律的数列，可以借助宏表函数来获取工作簿中所有工作表的名称，大家可以在第6章的6.5.4小节中学习具体的方法。

Step 2 在汇总表的B2单元格中输入公式，如图4-35所示。

第1参数的公式返回姓名所在单元格的文本地址"'1'!B1"，用INDIRECT函数将该文本转为引用，公式即可返回对应工作表及单元格中保存的姓名

=INDIRECT("'"&$A2&"'!B"&COLUMN(A1),TRUE)

工作表名	姓名	性别	出生年月	学历	参加工作时间	所在部门	
1	林飞						
2							
3							
4							
5							

图4-35　引用其他工作表的数据

在公式""""&$A2&""!B"&COLUMN(A1)
中，$A2和A1分别使用混合引用和相对引用，从而保证将
公式复制到其他单元格后，能引用到不同工作表、不同单
元格中的数据，这个大家看明白了吗？

Step 3 将公式向右、向下填充到其他单元格，即可获得各分表中的信息，如图4-36
所示。

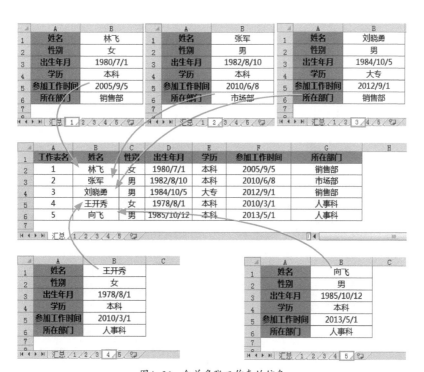

图4-36　合并多张工作表的信息

4.2.7　求多张工作表中成绩的平均分

工作簿中有多张工作表，表中保存着各年级学生的成绩数据，成绩表的结构完全相
同，如图4-37所示。

	A	B	C	D	E	F	G
1	姓名	语文	数学	品德	美术	总分	
2	辛啟红	96	97	94	77	364	
3	韩语欣	92	99	97	72	360	
4	杨鹏	97	98	86	75	356	
5	杨正一	92	95	94	75	356	
6	何丽	96	100	80	79	355	
7	周灿	92	99	85	72	348	
8	何泽乾	86	98	97	66	347	
9	涂广彤	90	98	80	78	346	
10	周治豪	94	96	83	72	345	
11	唐明东	84	92	97	72	345	
12							

保存成绩的所有工作表的结构完全相同

各年级平均分 / 一年级 / 二年级 / 三年级 / 四年级 / 五年级 / 六年级

图4-37 保存成绩的工作表

现要在图4-38所示的另一张工作表中求出各年级各学科成绩的平均分。

	A	B	C	D	E	F	G
1	年级	语文	数学	品德	美术	总分	
2	一年级						
3	二年级						
4	三年级						
5	四年级						
6	五年级						
7	六年级						
8							

各年级平均分 / 一年级 / 二年级 / 三年级 / 四年级 / 五年级 / 六年级

图4-38 成绩汇总表

求平均分很简单，使用AVERAGE函数即可，关键是怎样引用到各工作表中各学科的成绩。所以，解决这一问题的难点在于引用数据。

数据保存的工作表及各学科成绩所在的单元格区域都不相同，直接引用这些区域求平均值很不方便。

直接引用不行，但可以通过公式，先求得各年级各学科成绩所在单元格地址的文本，再使用INDIRECT函数将该文本转为引用。

能构造这个文本的公式很多，图4-39所示即为一种。

=$A2&"!R2C"&COLUMN(B:B)&":R11C"&COLUMN(B:B)

公式返回的是R1C1引用样式的文本地址

图4-39　构造"单元格地址"

公式通过混合引用$A2更改地址中工作表的名称，通过COLUMN(B:B)更改引用数据所在列的列号，保证了不同单元格中公式，总能返回符合需要的"单元格地址"，如图4-40所示。

=$A2&"!R2C"&COLUMN(B:B)&":R11C"&COLUMN(B:B)

图4-40　用公式构造的"单元格地址"

得到文本地址后，再用上INDIRECT函数和AVERAGE函数，就可以求得要求的平均值了，如图4-41所示。

=AVERAGE(INDIRECT($A2&"!R2C"&COLUMN(B:B)&":R11C"&COLUMN(B:B),FALSE))

公式通过A列中的数据，来确定要引用哪张工作表的数据参与计算。所以，应保证A列中的年级名称与工作表的标签名称完全相同

图4-41　求各年级各科成绩的平均分

在本例中，我们构造的是R1C1引用样式的单元格地址。

在R1C1引用样式的地址中，行号和列号都是数字，更便于使用公式构造符合需求的文本地址。但这并不意味本例的问题不能使用A1样式的引用，同一个问题，解决的方法往往不止一种，只是思路不同而已。如本例的问题还可以使用图4-42所示的方法。

=AVERAGE(OFFSET(INDIRECT($A2&"!A2:A11",TRUE),0,COLUMN(A1)))

	B2	▼	fx	=AVERAGE(OFFSET(INDIRECT($A2&"!A2:A11",TRUE),0,COLUMN(A1)))		
▲	A	B	C	D	E	F	G
1	年级	语文	数学	品德	美术	总分	
2	一年级	91.9	97.2	89.3	73.8	352.2	
3	二年级	86.3	91.6	81.1	78	337	
4	三年级	85.4	92.1	75	74.3	326.8	
5	四年级	93.6	92.7	94.4	76.2	356.9	
6	五年级	90.7	91.3	88.6	71.2	341.8	
7	六年级	86.6	90	87.2	71.4	335.2	
8							

图4-42　求各年级各科的平均分

在这个公式中，INDIRECT的作用就是将文本转为引用，AVERAGE用来求平均值，可是OFFSET函数有什么用？

在这个公式中，INDIRECT函数的第1参数是$A2&"!A2:A11"，在该部分公式的结果中，单元格的地址总是A2:A11，即INDIRECT函数返回的总是对不同工作表中A1:A11区域的引用，但这个区域中保存的是"语文"学科的成绩。

OFFSET函数的作用，就是在A1:A11区域的基础上，获得其他学科成绩的区域。

至于为什么OFFSET函数返回的就是不同学科的成绩？别急，待后面大家学习OFFSET函数的用法后，谜底自然就揭开了。

第3节　用OFFSET函数求符合条件的区域

4.3.1　OFFSET函数与快递派件员

　　OFFSET是一名快递公司的派件员，它就职的快递公司在一个规划整齐的小区中心。对不同的快件，它会按不同的线路去派件，如图4-43所示。

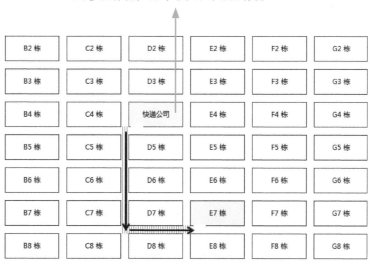

图4-43　快递员的派件路线

　　聪明的OFFSET，将每次配送的线路都记在笔记本上，它将这条线路记为：

OFFSET(快递公司,3,1)

　　看到这个笔记，OFFSET知道派件时应从哪里出发，向下和向右行走几栋楼的距离。

　　有时，某个片区挨着的几栋楼都需要派件，为节省时间，OFFSET会分区统一派件，如图4-44所示。

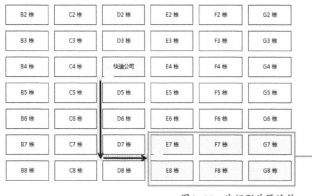

从快递公司出发，向下走
过3栋楼，再向右走过1栋
楼到达E7栋，以E7栋为左
上角的长3宽2的矩形区域
就是要送货的区域

图4-44　为矩形片区派件

对这样的派件线路，OFFSET将其记为：

$$OFFSET(快递公司,3,1,2,3)$$

大家能猜到OFFSET这条笔记中
各个数字和字符代表的意义吗？

对某一条派件线路，OFFSET在笔记本上最多只记录5个信息：出发地点，向上或向下行走的距离，向左或向右行走的距离，派件区域的宽度，派件区域的长度。

派件时，从快递公司出发，OFFSET可能向下、向右走，也可能向上、向左走，如图4-45所示。

无论派件的区域有多长多宽，OFFSET总是先走到该
区域的最左上角，然后再确定派件区域的大小

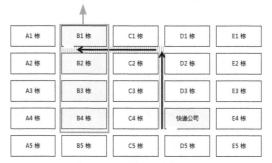

图4-45　快递员的派件线路及区域

对这次派件，OFFSET从快递公司出发，先向上走过3栋楼，再向左走过2栋楼的距离到达B1栋，以B1栋为左上角的宽4长1的矩形区域即为此次派件的区域。它将这次派件的线路记为：

括号中第2个参数的数值是负数，表示在垂直方向上向上行走。如果向下行走，就将其设置为正数

$$\text{OFFSET}(快递公司,-3,-2,4,1)$$

括号中第3个参数的数值是负数，表示在水平方向上向左行走。如果向右行走，就将其设置为正数

括号中的第2和第3个数值，分别用于确定垂直和水平方向上行走的距离，不同的行走方向用正负数区分，正数表示向下或向右，负数表示向上或向左。第4个和第5个数值用于确定派件区域大小，只能是正数，只有当派件区域与快递公司所占的区域大小不同时，OFFSET才会使用这两个数值。

4.3.2　Excel中的OFFSET函数

如果把快递公司所在的小区平面图看成一张工作表，那工作表中的每个单元格都是小区里的一栋楼。

Excel中的OFFSET函数就是一名快递员，它返回的就是快递员需要派件的单元格区域，最多可以给函数设置5个参数，各参数的用途与派件员笔记中的5个信息相同。

在图4-46所示的工作表中，如果把A1当成快递公司，把B7:G8当成派件的区域，大家能仿照快递员记笔记的方法，用OFFSET函数表示这个派件区域吗？

	A	B	C	D	E	F	G	H
1	姓名	1月	2月	3月	4月	5月	合计	
2	汪小飞	8358	9380	12034	9929	15936	55637	
3	顾小白	12318	11507	17258	10355	12536	63974	
4	刘云飞	17627	8812	13593	10797	8389	59218	
5	谢青青	9582	14936	16390	16036	12387	69331	
6	王华	16953	13852	8549	10714	15023	65091	
7	叶枫	15172	13560	9988	14243	15052	68015	
8	刘菲菲	11301	10511	8806	11377	10894	52889	
9	罗玉艳	11160	9132	14236	10978	10169	55675	
10	常玉涵	15381	16277	9403	9112	17838	68011	
11	武刚	16906	14868	16801	8718	15980	73273	
12	刘平平	16148	13494	17979	8992	15970	72583	
13								

图4-46　工作表中的单元格区域

从A1单元格出发，向下移6行，向右移1列到达B7单元格，以B7单元格为左上角的2行6列的单元格区域就是要"派件"的区域，用OFFSET函数可以表示为：

=OFFSET(A1,6,1,2,6)

这就是OFFSET函数的用途——以一个指定的单元格区域为参照点，通过给定的偏移量返回一个指定行数和列数的新区域。

OFFSET函数的5个参数，分别告诉函数以哪个单元格区域为参照点，垂直方向偏移多少行，水平方向偏移多少列，返回几行几列的单元格引用。

就像聪明的派件员，OFFSET函数通过5个参数确定他的"派件"地址，只要通过参数告诉OFFSET函数需要的5个信息，它就能准确地返回我们想引用的单元格。

但是，并不是在所有问题情境中都必须为OFFSET函数设置5个参数，当函数返回区域与参照点的区域行列数相同时，只给函数设置前3个参数就够了。如果只给OFFSET设置前3个参数，函数将返回一个与第1参数行列数相同的单元格区域。

考考你

如在图4-46的工作表中，如果只给OFFSET函数设置3个参数，让其返回的结果依然是B7:G8区域，你知道应该将公式写成什么样吗？

手机扫描二维码，看看你的公式与我们给出的公式有什么不同。

4.3.3 返回的单元格个数不同，输入公式的方法也不同

OFFSET函数可能返回对一个单元格的引用，也可能返回对多个单元格的引用，返回的单元格个数不同，输入公式的方法也不相同。

返回的单元格个数不同，输入公式的方法也不相同。

如果OFFSET函数只返回一个单元格，那么直接输入公式，按<Enter>键确认公式输入即可，如图4-47所示。

=OFFSET(A1,6,5)

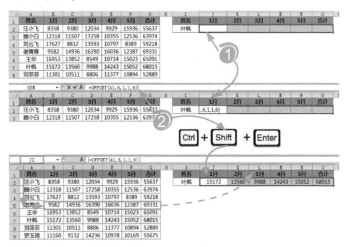

图4-47　返回一个单元格的公式

　　如果OFFSET函数返回多个单元格，应按输入数组公式的方法输入公式：选中与返回结果行列数相同的单元格区域→输入公式→按<Ctrl+Shift+Enter>组合键确认，如图4-48所示。

=OFFSET(A1,6,1,1,6)

图4-48　输入返回多个单元格的公式

　　如果函数返回多个单元格，却按输入普通公式的方法，按<Enter>键确认输入公式，公式并不会返回正确的结果，如图4-49所示。

=OFFSET(A1,6,1,1,6)

图4-49　未按正确方式输入的公式

提示

返回多个单元格的公式是一个多单元格数组公式，所以不能按普通公式的方法输入它。至于什么是数组公式？什么是多单元格数组公式？为什么要按<Ctrl+Shift+Enter>组合键输入公式？你可以在第5章中找到这些问题的答案。

4.3.4　OFFSET函数在查询问题中的应用

OFFSET函数是MATCH函数的另一个合作伙伴，它们经常合作解决查询匹配问题，如图4-50所示。

=OFFSET(A1,MATCH(I1,A2:A10,0),MATCH(I2,B1:F1,0))

	A	B	C	D	E	F	G	H	I	J
	姓名	语文	数学	品德	美术	总分		姓名	何丽	
2	辛啟红	96	97	94	77	364		学科	美术	
3	韩语欣	92	99	97	72	360		成绩	79	
4	杨鹏	97	98	86	75	356				
5	杨正一	92	95	94	75	356				
6	何丽	96	100	80	79	355				
7	周灿	92	99	85	72	348				
8	何泽乾	86	98	97	66	347				
9	涂广彤	90	98	80	78	346				
10	周治豪	94	96	83	72	345				
11										

图4-50　查询指定姓名和学科的成绩

在这个公式中，使用两个MATCH确定OFFSET函数在垂直和水平方向上偏移的距离。当然，还可以使用其他方法解决这一问题，大家能想出几种？

第**5**章 公式中的王者——数组公式

别怕，数组公式并不是神话

很多人都觉得数组公式很难，因为江湖也一直这样盛传着。

若干年前，当我不知道什么是数组公式时，也总觉得数组公式是高手才能玩的高端货，但是后来偶然一次，当我只花了两个小时的时间，借助Excel Home论坛的一篇帖子，就慢慢走进了它的大门，打破了我原来的认识——原来数组公式并不是神话，只是江湖传言太过夸张。

忽然想起小学课本中《小马过河》的故事，面对不知深浅的河水，在松鼠和老牛不同的观点下，小马半天也没下定过河的决心。

别人的观点总会在不经意间影响到我们，其实大可不必。现在，不要再做犹豫不决的小马，让我们一起开始，打破数组公式这个传说中的神话。

我并不神秘

第1节　数组与数组公式

5.1.1　数组就是多个数据的集合

数组由多个数据组成，组成这个数组的每个数据都称为该数组的元素，如图5-1所示。

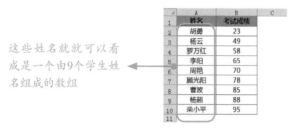

这些姓名就就可以看成是一个由9个学生姓名组成的数组

图5-1　数据和数组

数组本身也是数据，它是具有某种联系的数据的集合，不同的数组可以拥有不同个数的元素，可以是1个，也可以是100个、1000个或其他任意个数。

5.1.2　Excel公式中的数组

在Excel的公式中，最常使用的有区域数组和常量数组。

● 区域数组

区域数组是由单元格组成的数组，实际就是一个包含多个单元格的区域，如A1:A3、B2:B5等。

A1:A3由A1、A2、A3这3个单元格组成，是一个包含3个单元格的数组，如图5-2所示。

每个单元格都是数组A1:A3中独立的一员，但公式在计算时会直接处理由它们组成的数组A1:A3

图5-2　由多个单元格组成的区域数组

与此类似，B2:B5就是一个包含4个单元格的区域数组。

● 常量数组

常量数组就是由数据常量组成的数组。公式中的常量数组应写在一对大括号中，各数据间用分号"；"或逗号"，"分隔，如：

{1;2;3;4;5}

或

{"a","b","c","d"}

同区域数组一样，在编写公式时，可以直接将常量数组设置为函数的参数，如图5-3所示。

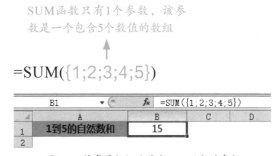

图5-3　将常量数组设置为SUM函数的参数

将常量数组设置为函数的参数，无论该数组中有几个数据，函数都会将其看成是一个参数，而不是多个。如在"=SUM({1;2;3;4;5})"和"=SUM(1,2,3,4,5)"中，SUM函数的参数个数并不相同，前者的只有1个参数，而后者有5个参数，如图5-4所示。

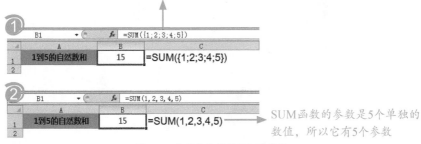

图5-4　公式中的常量数组和常量

为什么包含5个数值的数组只是一个参数？

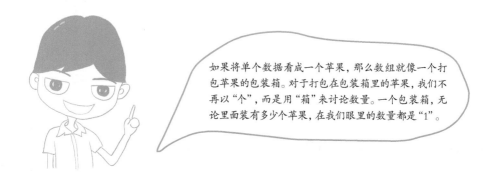

> 如果将单个数据看成一个苹果，那么数组就像一个打包苹果的包装箱。对于打包在包装箱里的苹果，我们不再以"个"，而是用"箱"来讨论数量。一个包装箱，无论里面装有多少个苹果，在我们眼里的数量都是"1"。

在使用常量数组时，有一点要注意，如果常量数组中的某个元素是文本类型，要将其写在英文半角双引号中，如：

{1;"Excel";2;"Home";3}

将区域数组转为常量数组

可以借助<F9>键，快速将区域数组转换为常量数组，方法如图5-5所示。

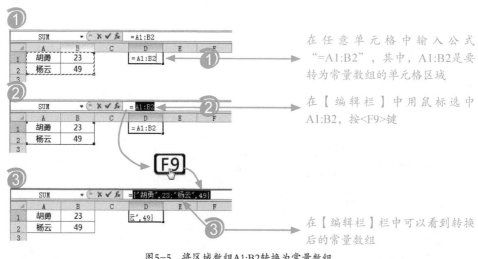

图5-5　将区域数组A1:B2转换为常量数组

5.1.3 数组的维数

数组有一维数组、二维数组、三维数组、四维数组……其中的一维、二维等叫作数组的维数。

"维"，的确是一个不好理解的概念。

提到"维"，可能很多人想到的是空间里的概念：点（零维）、线（一维）、面（二维）、体（三维）……Excel里的"维"，其实是一种引用概要，用来表示数据或数据区域。当然，我们也可以借助空间里的维来帮助理解它。

在Excel中，数组最基本的单位是单元格（或单个的数据），如果把单元格看成是一个点，表格中的一行或一列就是由多个点组成的一条线。

相对于单个单元格而言，这一行或一列就是一个一维数组，如图5-6所示。

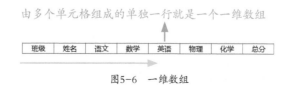

图5-6　一维数组

将行向下延伸，得到一个多行多列的数据区域，即得到一个二维数组，如图5-7所示。

这是一个由4个一维数组（4行）组成的二维数组

班级	姓名	语文	数学	英语	物理	化学	总分
九1	郭家涛	136	115	111	84	43	489
九1	任军	115	106	89	77	35	422
九1	邓福贵	130	89	110	60	28	417

图5-7　二维数组

如果将类似的多张表（二维数组）层层叠放，就可以得到一个三维数组，如图5-8所示。

图5-8　三维数组

就像这样，多个单元格（或单个数据）组成一维数组，就像工作表中的一行或一列；多个一维数组组成二维数组，就像工作表中一个多行多列的区域；三维数组由多个二维数组组成，就如一个由多个工作表组成的工作簿；四维数组就像一个文件夹中的多个工作簿，以此类推……

不同维数的数组间的联系如图5-9所示。

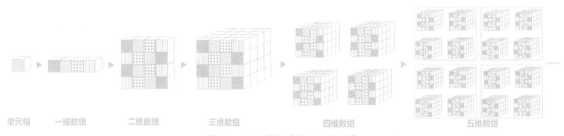

单元格　　一维数组　　二维数组　　三维数组　　四维数组　　五维数组

图5-9　不同维数的数组间的联系

关于数组的维数，Excel Home论坛的山菊花版主曾经打过这样一个形象的比方：

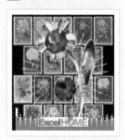

山菊花

47331	504	122
财富	鲜花	技术

等级 **V**20　总版主

想象一下我们常用的稿纸，写文章用的稿纸。

每一个格子是一个元素，一行构成"一维"。

行向下延伸，若干行构成"页"，相对"格子"而言，是"二维"。

将"页"层叠，构成"本"，相对每一个"格子"，"本"是"三维"，第3页第4行第5个格子，每一个格子，与三个因素有关。

把若干"本"汇集一起装在"柜"中，"柜"相对"格子"而言，是"四维"，引用每一个"格子"，我们必须说"第A本第B页第C行第D格"，与四个因素相关。

依此下去，若干"柜"还可以组成"室"，"室"相对"格子"而言，是"五维"。

直至六维、七维、八维，也不过如此。

我觉得这样的比喻很形象，大家认为呢？

山菊花版主说，在三维数组中，引用一个格子，需要用到类似"第3页第4行第5个格子"的语言，即需要用到三个数字：3、4和5。

是的，数组是几维，在描述其中某个元素时，就需要用到几个数字去描述它所在的位置。

是不是感觉有些复杂？

没关系，我们不必深究四维、五维或更多维数的数组是什么样。在Excel的公式中，大多时候接触到的只是一维数组和二维数组。超过三维的数组几乎不会接触到。

5.1.4　常量数组中元素的分隔符

一个常量数组中如果包含多个元素，各个元素间需要使用分隔符隔开，可以使用的分隔符有逗号（,）和分号（;）两种，如：

{"胡勇",23;"杨云",49}

> 逗号和分号都可以用来分隔数组中的元素,什么时候使用逗号,什么时候使用分号?它们有什么区别?

可以通过对比常量数组及区域数组，找到作为分隔符的逗号（,）和分号（;）的区别，如图5-10所示。

① {"胡勇","杨云","张华","李江春",23,49,58,61} ➤ 单独的1行数组，各元素之间使用逗号（,）作为分隔符

② {"胡勇","杨云","张华","李江春",23,49,58,61} ➤ 单独的1列数组，各元素之间使用分号（;）作为分隔符

③ {"胡勇",23;"杨云",49;"张华",58;"李江春",61} ➤ 多行多列的数组，元素之间使用的分隔符既有逗号（,）也有分号（;）

图5-10 常量数组中的元素分隔符

发现了吗?

借助<F9>键将多行多列的区域数组转为常量数组后，常量数组会将多行数据合并显示为一行的外观样式，且在各行换行处使用分号（;）作为分隔符，同行的各个元素间使用逗号（,）作为分隔符，如图5-11所示。

数据区域中的第1行在最前面，然后是第2行、第3行，最后1行在最后面。各行之间的分界处用分号（;）分隔

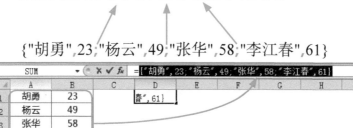

图5-11　数组中不同行元素的分隔符

所以，不同的分隔符，作用并不相同：逗号（,）用于分隔同行数组中的各个元素，分号（;）用于分隔不同行数组中的元素。对于一个多行多列的二维常量数组，Excel按从左到右，从上到下的顺序保存这些数据。

5.1.5　数组公式的特殊之处

● 特殊的参数用法

数组公式是相对于普通公式而言的，它最大的特点就是在公式中我们习惯使用单个数据或单个单元格的位置，使用了数组参与公式计算，如图5-12和图5-13所示。

设置SUMIF函数的求和条件（第2参数）时，我们习惯只设置一个数据，这是普通公式的用法

图5-12　普通公式

SUMIF函数的第2参数是由两个数据
组成的数组,这是数组公式的用法

=SUMIF(A2:A11,{"张华";"邓开华"},C2:C11)

F2				fx	{=SUMIF(A2:A11,{"张华";"邓开华"},C2:C11)}	
	A	B	C	D	E	F	G
1	销售员工	商品名称	销售数量		销售员工	销售总量	
2	张华	电视机	2		张华	21	
3	李毕江	电视机	3		邓开华	4	
4	王山田	电冰箱	8				
5	张华	手机	10				
6	李艳	手机	5				
7	王山田	电饭锅	6				
8	张华	电视机	9				
9	李艳	手机	11				
10	王山田	电视机	2				
11	邓开华	电视机	4				
12							

图5-13　数组公式

数量不定的返回结果

　　除了参数不同之外,数组公式和普通公式的返回结果包含的数据个数也不一定相同。我们可以在【编辑栏】中将某个公式全部抹黑,按<F9>键查看其返回结果包含的数据个数,如图5-14和图5-15所示。

普通公式

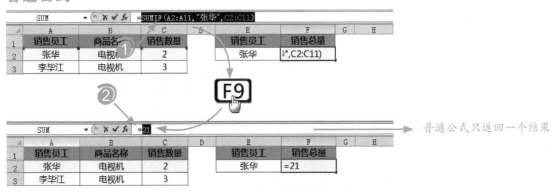

图5-14　普通公式的返回结果

数组公式

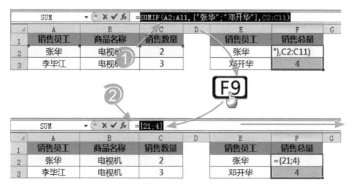

图5-15　数组公式可以返回多个结果

普通公式通常只返回一个结果，而数组公式返回的结果与其执行的计算和设置的参数有关，可能返回多个结果，也可能返回一个结果，如图5-16所示。

数组公式

=SUM(--(MID(A2,ROW(1:99),1)="e"))

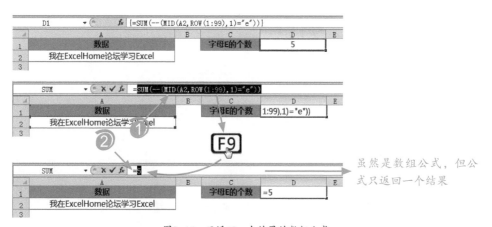

图5-16　只返回一个结果的数组公式

可能占用多个单元格

一个单元格只能保存一个数据，普通公式只返回一个计算结果，占用一个单元格刚好够用。

但数组公式不同，如果某个数组公式返回的结果不止一个，该公式就要占用多个单元格，如图5-17所示。

选中F2和F3单元格，在【编辑栏】中看到的公式是完全相同的，但两个单元格中显示的数据并不相同。这是因为这两个单元格共用一个公式，单元格中的数据是公式返回的两个结果

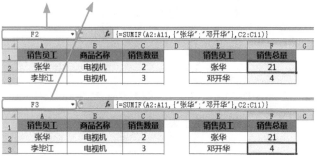

图5-17　占用两个单元格的数组公式

如果数组公式返回的是包含多个数据的数组，数组中有多少个数据，将该公式输入单元格时就应占几个单元格。

● 不同的显示样式

> 普通公式和数组公式都是写在单元格中，我怎么知道某个公式是数组公式还是普通公式？它们有什么不一样的地方吗？

当然有。

如果仔细观察前面例子中的数组公式和普通公式，就会发现数组公式在【编辑栏】中有一个很明显的标志，如图5-18所示。

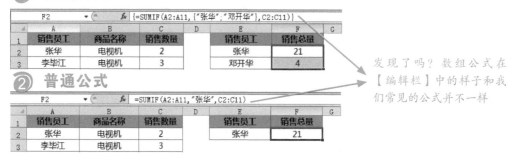

① 数组公式

② 普通公式

图5-18 【编辑栏】中的数组公式和普通公式

发现了吗？数组公式在【编辑栏】中的样子和我们常见的公式并不一样

在【编辑栏】中，数组公式的最外层总有一对大括号"{}"，而普通公式没有，这是数组公式与普通公式在外观上最明显的区别。这对大括号是Excel给我们的一种提示：这是一个数组公式，应该换一种方式去理解它。

⬤ 别样的输入方法

如果一个公式是数组公式，那么在【编辑栏】中该公式的最外层一定有一对大括号"{}"，但这对大括号并不是人为输入的。

当我们双击公式所在的单元格，进入单元格的编辑模式后，这对大括号就消失了，如图5-19所示。

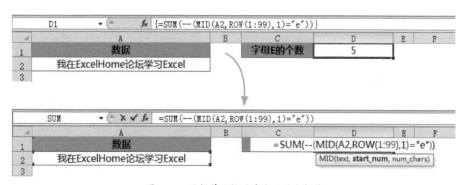

图5-19 编辑单元格时消失了的大括号

千万不要手动在一个公式的最外层输入大括号，那样的话Excel不会将我们输入的内容当成公式，更不会计算它，如图5-20所示。

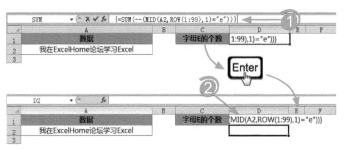

图5-20　在公式外层手动输入大括号

手动加上大括号的公式不会计算，是因为Excel中的公式都以等号"="开头，以大括号"{"开头的内容会被Excel识别为文本。

作为Excel对我们的提示，大括号"{}"当然是Excel自动加上的。

同样，为了让Excel能区分输入的公式是数组公式还是普通公式，需要我们在输入公式时通过某个动作告诉它，我们输入的是数组公式。

如果希望输入数组公式，就不能像输入普通公式那样按<Enter>键确认输入，否则Excel不会按数组公式的方式去计算输入的公式，这就会导致公式返回的可能是一个错误的结果，如图5-21所示。

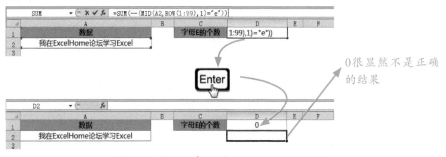

图5-21　按输入普通公式的方法输入数组公式

第2节 输入和编辑数组公式

5.2.1 在单元格中输入数组公式

输入数组公式时必须同时按下"三键"

为了让Excel清楚地知道我们输入的是数组公式，当我们编辑完公式后，必须按
<Ctrl+Shift+Enter>组合键确认输入，如图5-22所示。

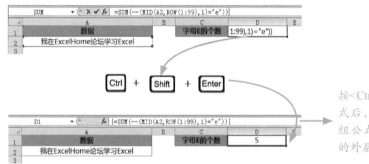

按<Ctrl+Shift+Enter>组合键输入公式后，Excel会把这个公式当成数组公式，并在【编辑栏】中公式的外层显示一对大括号"{}"

图5-22　输入数组公式

数组公式最外层的大括号"{}"，是我们按<Ctrl+Shift+Enter>组合键输入公式产生的，是Excel为区别普通公式，自动加上的标识符，这个标识符不需要，也不能人为输入。

输入多单元格数组公式

多单元格数组公式，就是返回结果包含多个数据，需占用多个单元格的数组公式。

我们知道，当数组公式返回包含多个数据的数组时，公式就要占用多个单元格。所以，输入多单元格数组公式前，应先选中多个单元格。

如果数组公式返回的结果包含两个数据，我应该选中哪几个单元格输入公式？

无论公式返回的是常量数组还是区域数组，都有行列数。输入多单元格数组公式前，应先选中与公式返回结果行列数相同的单元格后再输入公式。

如公式"=SUMIF(A2:A11,{"张华";"邓开华"},C2:C11)"返回的是2行1列的数组，所以在输入该公式时，应先选中同列连续的两个单元格，再输入公式，如图5-23所示。

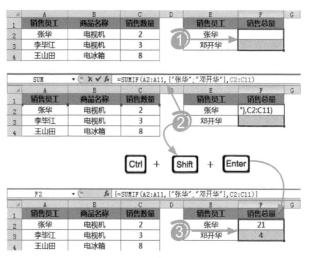

图5-23　输入多单元格数组公式

如果将该公式输入同一行的两个单元格中，那所有单元格中都将显示公式返回数组中第1行的数据，如图5-24所示。

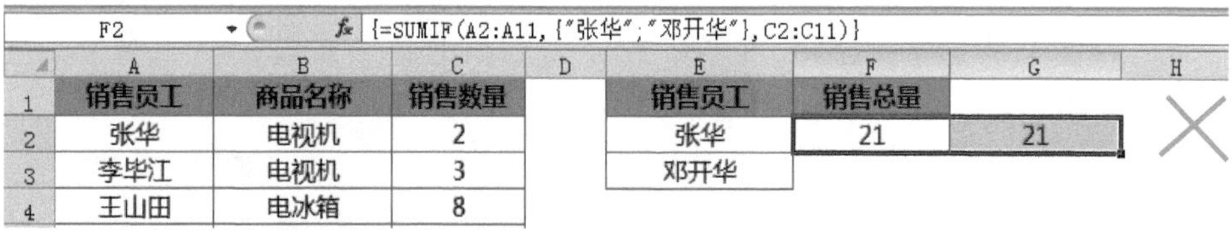

图5-24　公式返回结果与输入公式的单元格行列数不匹配

不仅如此，输入多单元格数组公式时，还应保证单元格个数与返回数组中的元素个数相同。如果单元格个数小于数组中元素个数，将只显示返回数组中左上角对应个数的数据，如图5-25所示。

=A2:C4+E2:G4

图5-25 输入数组公式的单元格行列数过小

如果单元格区域大于公式返回的数组行列数，Excel会在多余的行和列中显示错误值"#N/A"，如图5-26所示。

=A2:C4+E2:G4

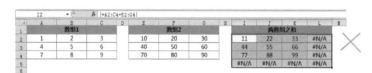

图5-26 输入数组公式的单元格行列数过大

这就像给教室里的学生安排座位。

教师里有40个座位（单元格），如果有50名同学（数组的元素），教室容不下这么多同学，多余的10名同学只能站在教室外，我们在教室里的座位上将找不到他们（部分数组元素无法显示）。如果只有30名同学，那么教室里的座位会空出10个，谁也不知道这些座位应该归谁（显示为错误值）。

5.2.2 编辑或删除数组公式

编辑或修改数组公式，相当于重新输入一次数组公式。所以，想要重新编辑已经输入的数组公式，就得重复一遍输入数组公式的操作步骤：选中数组公式所在的单元格区域→在【编辑栏】中编辑和修改公式→按<Ctrl+Shift+Enter>组合键。

想删除数组公式，也应选中公式占用的所有单元格，再按<Delete>键清除单元格中的公式。如果在编辑和修改数组公式前，选中的单元格区域小于公式占用的单元格区域，Excel将拒绝对公式的修改，如图5-27所示。

图5-27　选中比公式占用单元格较小的区域编辑公式

第3节　数组公式的优势

5.3.1　减少公式的录入量

数组公式可以对公式中的数组进行多项计算，即对数组中的每个数据分别进行计算，返回对应的结果。所以在很多情况下，使用数组公式可以大大减少公式的录入量，降低解决问题的难度。

◉ **求1到100的自然数和**

要用公式求1到100的自然数之和，应先求出1到100的自然数，如图5-28所示。

=ROW(A1)

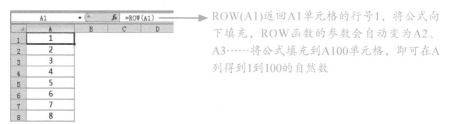

ROW(A1)返回A1单元格的行号1，将公式向下填充，ROW函数的参数会自动变为A2、A3……将公式填充到A100单元格，即可在A列得到1到100的自然数

图5-28　用公式求1到100的自然数

求出1到100的自然数后，使用SUM函数对这组数据求和即可得到1到100的自然数之和，如图5-29所示。

=SUM(A1:A100)

图5-29　用SUM函数求A1:A100中的数据之和

这是用普通公式的解决办法。使用普通公式解决，需要编写多个公式，占用多个单元格，并且随着问题需求和参与计算数据的变化，需要进行的操作步骤可能会更复杂。

但如果使用数组公式解决，方法就简单多了，如图5-30所示。

=SUM(ROW(A1:A100))

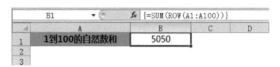

图5-30　用数组公式求1到100的自然数之和

同样的问题，使用数组公式解决，不需要编写求1到100自然数的公式，也不需要占用其他单元格。

而本例中的公式之所以是数组公式，是因为我们替ROW函数设置了一个包含多个单元格的区域数组——A1:A100。ROW函数的参数是一个包含100个单元格的数组，函数会分别计算这100个单元格的行号，返回由这100个行号组成的数组，等同于100个ROW函数的普通公式，如图5-31所示。

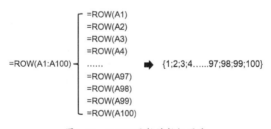

图5-31　ROW函数的数组用法

用一个数组公式就代替了100个普通公式才完成的任务，大家是愿意选择数组公式的解法，还是普通公式呢？

将数据保留两位小数后再求和

在图5-32的表格中，A列保存着一些数据，现想将这些数据四舍五入保留两位小数，再对保留两位小数后的结果求和。

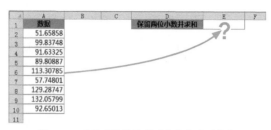

图5-32　对所有数据保留两位小数后再求和

这个问题，如果使用普通公式，可能需要借助辅助列，先对A列的数据进行取舍，如图5-33所示。

=ROUND(A2,2)

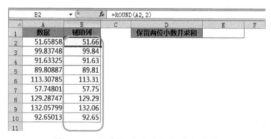

图5-33　通过辅助列对数据进行取舍

然后再使用SUM函数对辅助列中保留两位小数后的数据求和，从而得到最后结果，如图5-34所示。

=SUM(B2:B10)

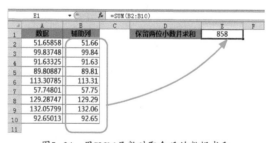

图5-34　用SUM函数对取舍后的数据求和

很显然，使用这种方法解决，不仅需要使用多个公式，而且添加的辅助列还会改变表格的格局，影响外观。

现在让我们试试用数组公式来解决，如图5-35所示。

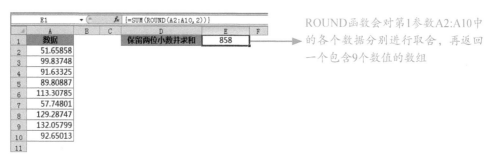

图5-35　用数组公式对数据取舍后再求和

从某种意义上说，数组公式是由多个具有某种共同特征的普通公式的组合。因为数组公式可以对数据进行多次或批量运算，所以可以减少公式的录入量和公式占用单元格的数量。

这是数组公式相对普通公式的优势之一。

5.3.2　保护公式完整不被破坏

如果输入工作表中的是一个多单元格数组公式（占用多个单元格的数组公式），如图5-36所示。

=B2:B9*C2:C9

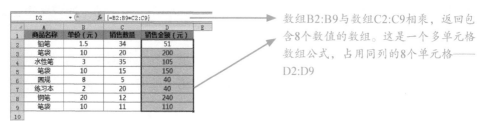

图5-36　用数组公式求商品的销售金额

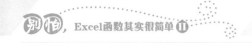

D2:D9共用一个公式，Excel不会接受我们修改其中某个单元格的公式，如图5-37所示。

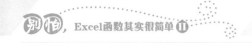

图5-37 Excel拒绝修改数组公式的一部分

"不能更改数组的某一部分"，Excel的提示非常清楚。这是为了保证多单元格数组公式的完整性和一致性。如果我们要删除或修改多单元格数组公式，必须先选中公式占用的所有单元格，再对公式进行删除或重新编辑。

保证公式的完整性不被修改，这是数组公式相对普通公式的优势之二。

注意

单个单元格中的数组公式，因为只占用一个单元格，所以我们仍然可以随意修改其中的公式。

5.3.3 提高公式的运算效率

因为使用一个数组公式可以代替多个普通公式，而处理一个公式和处理多个公式，从直观感觉来说，处理一个公式需要的时间肯定会短一些（尽管这不是绝对的）。

又因为数组公式可以对数据进行批量计算、多重计算，所以面对某些特殊的问题时，使用数组公式解决，可以有效节省公式计算的时间，减少占用的内存，提高公式的运算效率。

这是数组公式相对普通公式的优势之三。

5.3.4　假装高深莫测的必备神器

阅读到这里，也许大家只是知道了数组公式，但还不懂如何使用它，甚至在面对一个最简单的数组公式时，都不知道它的计算原理。

但大家一定会觉得数组公式的确高级，就像当初觉得普通公式很强大一样。

所以，如果想在那些公式初学者的面前假装高深莫测，数组公式的确是必备的一种神器，因为看似深奥的数组公式足以吓倒他们，震撼他们。

然而，数组公式真的高深莫测，难以理解和应用吗？我笑而不语……

第4节　公式中的数组运算规则

无论是要看懂别人写的数组公式，还是要自己亲手编写数组公式，首先都得了解数组公式的计算规则。

5.4.1　公式处理数组的两种方式

Excel对公式中的数组有两种处理方式。

一种是将数组作为一个整体，对数组中的所有元素进行统一计算和汇总，如图5-38所示。

无论是区域数组还是常量数组，SUM函数都是对它
们进行批量处理，只返回一个计算结果

=SUM(A2:A9,{10;20;30;40;50;60;70;80})

图5-38　求两个数组的和

可以在【公式求值】对话框中看到公式计算数组的过程，如图5-39所示。

无论SUM函数的参数包含几个数组，数组中包含多少个元素，函数都只进行一步计算，即计算数组包含的所有数值的和，最后只返回一个计算结果

图5-39　在【公式求值】对话框中查看公式计算过程

另一种是对公式中数组包含的数据分别进行计算，如图5-40所示。

公式先计算区域数组与常量数组中，各个位置对应数值的乘积，再用SUM函数对乘积求和

=SUM(A2:A9*{10;20;30;40;50;60;70;80})

	D1		fx	{=SUM(A2:A9*{10;20;30;40;50;60;70;80})}	
	A	B	C	D	E
1	数据		求两个数组之积的和	2040	
2	1				
3	2				
4	3				
5	4				
6	5				
7	6				
8	7				
9	8				
10					

图5-40　求两个数组积的和

在本例的公式中，运算符"*"的两边都是8行1列的一维数组，在将两个数组相乘时，Excel会分别将两个数组中各行的数据相乘，返回一个8行1列的数组，如图5-41所示。

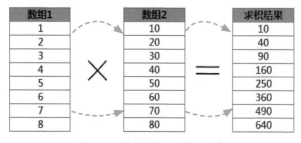

图5-41　数组与数组的乘法运算

对数组中的各个数据分别进行计算——通常，数组公式都会这样计算和处理公式中的某些数组参数。

所以，要理解数组公式的计算过程，应先了解各种不同的数组之间是怎样运算的。

5.4.2 行列数相同的数组运算

行列数相同的两个数组间的运算，是数组公式中最常见，也是最基本的运算。

对这类运算，就是分别将对应位置的两个数据进行运算，返回一个行列数相同的数组，如图5-42、图5-43和图5-44所示。

=A2:A11+C2:C11

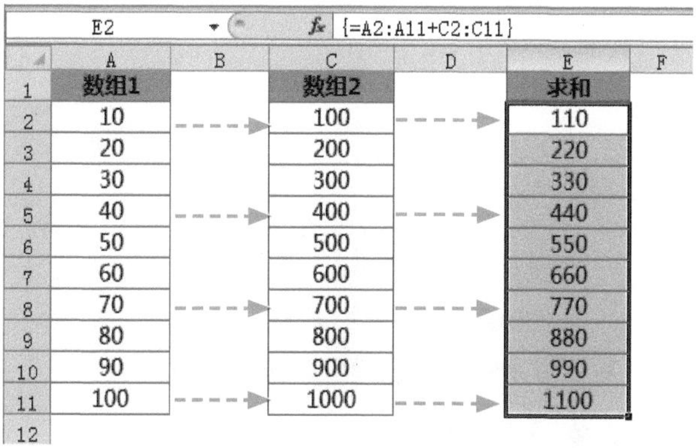

图5-42　求两个单列数组之和

=B1:F1-B3:F3

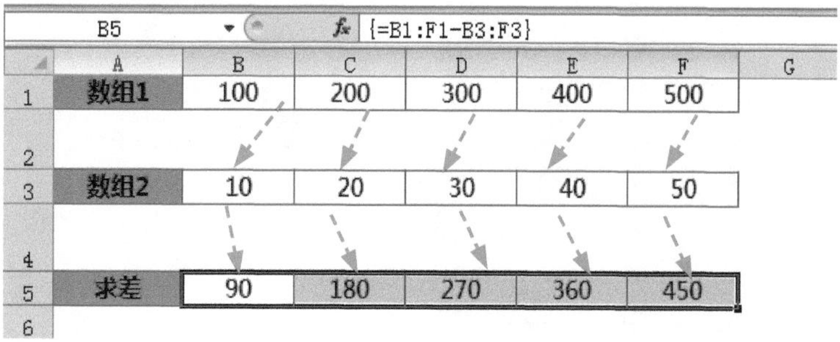

图5-43　求两个单行数组之差

=A2:C3*E5:G6

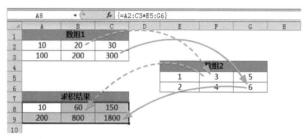

图5-44　求两个二维数组之积

　　参与计算的两个数组中的每个数据，都会在另一个数组中相同位置找到一个数据与之进行计算。因此，对数组与数组之间的运算，应尽量保证参与计算的数组行列数相同。

　　如果参与计算的数组行列数不等，就可能会有数据找不到其他数据与之计算的问题，导致公式在该位置返回错误值，如图5-45所示。

=B1:E1-B3:D3

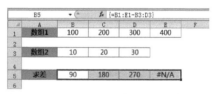

图5-45　行列数不等的数组运算

　　公式返回的结果包含错误值"#N/A"，是因为数组1有4个数值，而数组2只有3个数值，数组1中的第4个数值在数组2中找不到数值与它计算，所以返回错误值"#N/A"，如图5-46所示。

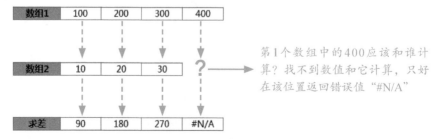

图5-46　公式计算出错的原因

5.4.3　单一数据与数组进行运算

　　尽管我们强调两个数组运算时要尽量保证行列数相同，但并不是只有行列数相同的两个数组才能进行运算。

　　下面让我们先看看单一的数据与一个数组运算时是怎样计算的，如图5-47、图5-48和图5-49所示。

=A2:A11*C2

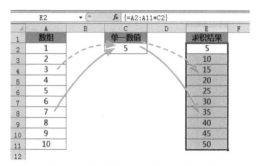

图5-47　单列数组与单个数据的运算

=B1:F1+B3

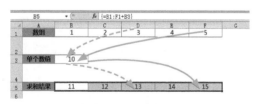

图5-48　单行数组与单个数据的运算

=A2:C3-E6

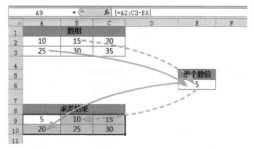

图5-49　二维数组与单个数据的运算

在这些例子中，虽然参与计算的两个数组行列数不等，但Excel依然能完成计算。

仔细观察，就可以看出其中的计算规则：当一个数组与单个数据进行运算时，Excel会依次将这个数据与数组中的每个元素进行运算，返回结果是一个与参与计算的数组行列数相同的数组。

5.4.4　单列数组与单行数组的运算

如果参与计算的两个数组分别是类似图5-50所示的单列数组和单行数组，Excel也能正常执行计算。

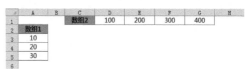

图5-50　单列数组与单行数组

想知道单列数组和单行数组相加得到什么结果，可以在任意单元格中输入相加的公式，再借助<F9>键查看，如图5-51所示。

=A3:A5+D1:G1

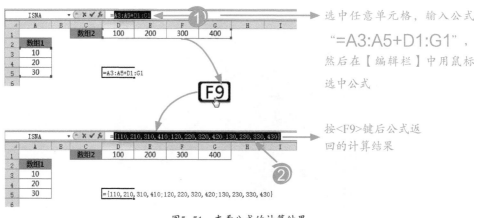

图5-51　查看公式的计算结果

根据返回数组中元素间的分隔符对返回的数组稍加整理，可以看到该数组的行列数。

分号";"是行与行之间的分隔符

{110,210,310,410;120,220,320,420;130,230,330,430}

110,210,310,410

120,220,320,420

130,230,330,430

返回结果是一个3行4列的数组，选中一个3行4列的单元格区域，输入公式，按
<Ctrl+Shift+Enter>组合键即可将公式写入单元格中，如图5-52所示。

=A3:A5+D1:G1

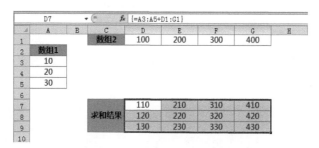

图5-52 单列数组与单行数组相加

返回数组中的每个数据是怎么计算得到
的？返回数组的行列数与参与计算的两
个数组的行列数有什么联系？

仔细观察公式返回数组与参与计算的数组中的每个数据，大家一定能发现其中的奥秘：在计算时，Excel将单列数组中的第1个元素，依次与单行数组中的每个元素相加，得到返回数组的第1行，然后将单列数组的第2个元素依次与单行数组的每个元素相加，得到返回数组的第2行……最后将单列数组的最后1个元素依次与单行数组的每个元素相加，得到返回数组的最后1行，如图5-53所示。

=A3:A5+D1:G1

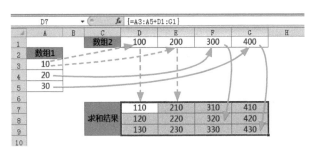

图5-53　单列数组与单行数组的运算

所以，单列数组与单行数组运算时，返回结果是一个多行多列的二维数组，该数组的行数与单列数组的行数相同，列数与单行数组的列数相同。

5.4.5　一维数组与二维数组的运算

单列数组与行数相等的二维数组的运算

如果想让单列的一维数组与二维数组正常运算，应保证两个数组的行数相同，如图5-54所示。

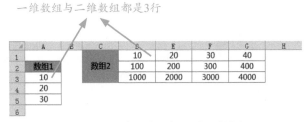

图5-54　行数相同的一维数组与二维数组

如果把这两个数组相加，返回的会是一个几行几列的数组呢？让我们借助<F9>键查看公式的计算结果，如图5-55所示。

=A3:A5+D1:G3

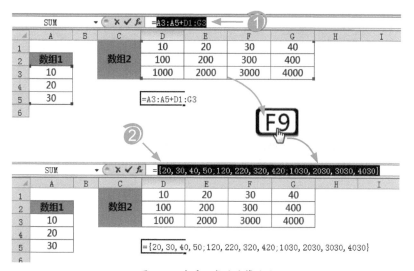

图5-55　查看公式的计算结果

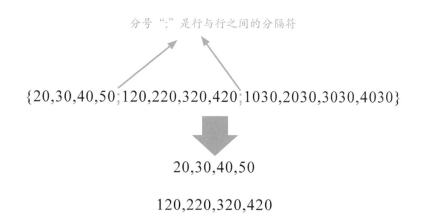

分号 ";" 是行与行之间的分隔符

{20,30,40,50;120,220,320,420;1030,2030,3030,4030}

20,30,40,50

120,220,320,420

1030,2030,3030,4030

返回结果是3行4列的数组，选中一个3行4列的单元格，输入公式即可在工作表中看到公式的返回结果，如图5-56所示。

=A3:A5+D1:G3

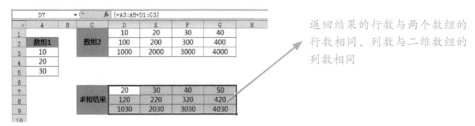

图5-56 单列数组与行数相同的二维数组相加

在计算时，Excel会将单列数组分别与二维数组中的各列相加，与第1列相加的结果是返回数组的第1列，与第2列相加的结果是返回数组的第2列……与最后1列相加的结果是返回数组的最后1列，如图5-57所示。

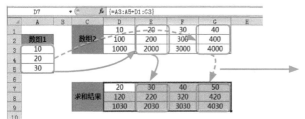

图5-57 公式的计算步骤

单行数组与列数相等的二维数组的运算

如果要让单行数组与一个二维数组进行运算，应让两个数组的列数相同。计算的过程及返回结果如图5-58所示。

=B1:D1+F4:H7

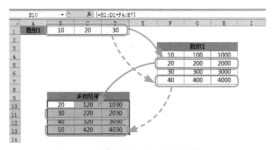

图5-58 单行数组与二维数组相加

很显然，在计算时，Excel先将单行数组与二维数组的第1行相加，得到返回数组的第1行，然后用单行数组与二维数组的第2行相加，得到返回数组的第2行，接着是第3行，第4行……直到最后1行。

> 发现了吗？无论是单列数组与行数相等的二维数组的运算，还是单行数组与列数相等的二维数组的运算，返回的数组的行列数都与二维数组相同。

5.4.6 数组在计算时的自动扩展

通过前面的介绍，我们知道，行列数不相等的两个数组，也可能正常计算。但大家发现这种数组间的运算，与行列数相等的数组间的运算有什么共同点吗？让我们通过几张图来探究探究，如图5-59、图5-60和图5-61所示。

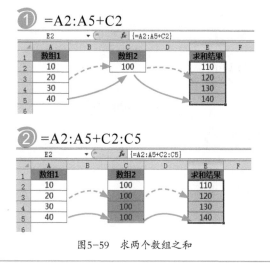

图5-59 求两个数组之和

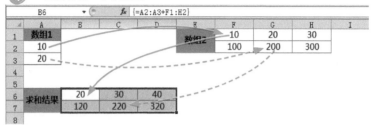

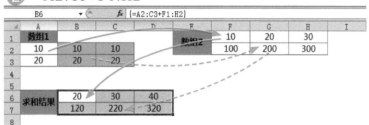

图5-60　求两个数组之和

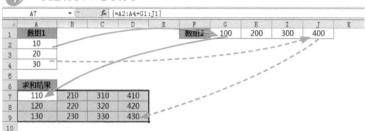

图5-61　求两个数组之和

发现了吗？行列数不等的两个数组运算，返回结果与另外两个行列数相等的数组运算的返回结果完全相同。

有一种观点认为，当单个数值与数组、单行数组与单列数组、一维数组与二维数组进行运算时，Excel会自动将参与计算的数组进行扩展，使其变为行列数相等的两个数组间的运算，如图5-62所示。

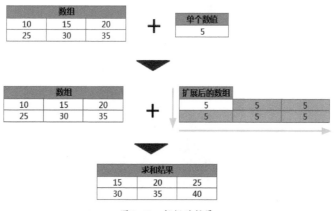

图5-62　数据的扩展

如果是对单个数值进行扩展，扩展后的数组中的每个数据都与原来的数据相同，如果是将单行数组扩展为多行，那么每一行中的数据都与原来行中的数据相同，如果将单列数组扩展为多列，那么所有列中的数据都与原来列中的数据相同。

这里我们举的是区域数组，如果是常量数据，计算规则也类似。

如在公式"=SUM({10,20,30,40}*10)"中，因为{10,20,30,40}是1行4列的数组，而10是一个单个的数据，计算时，Excel会自动将单个数据10扩展成一个1行4列的数组{10,10,10,10}，让其行列数与第一参数匹配。所以，公式"=SUM({10,20,30,40}*10)"实际是按"=SUM({10,20,30,40}*{10,10,10,10})"的方式进行计算的，得到的结果是10*10，20*10，30*10，40*10的和，如图5-63所示。

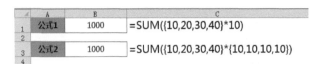

图5-63 公式中的常量数组

扩展数组后再计算，是为了保证参与计算的两个数组中的元素能按"——对应"的方式进行计算，这也是为什么我们强调编写数组公式时，要尽量保证参与计算的两个数组具有相同维数的原因。

5.4.7 行列数不等的两个数组的运算

● 两个数组相加为什么会返回错误值

虽然一些行列数不等的数组能自动扩展为行列数相等的数组再进行计算，并且计算过程不会出现任何问题，但不是将任意两个数组进行加、减或其他运算都不会出现问题，如图5-64所示。

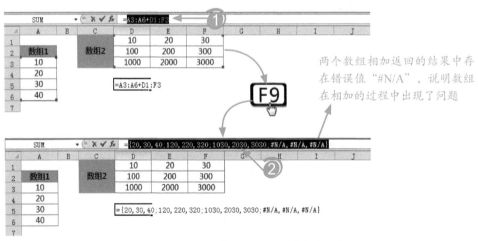

图5-64 两个数组相加返回的结果包含错误值

在本例中，参与计算的分别是4行1列和3行3列的两个数组，为了保证参与计算的两个数组行列数相等，Excel会先将数组1扩展成一个4行3列的数组，再和数组2相加，如图5-65所示。

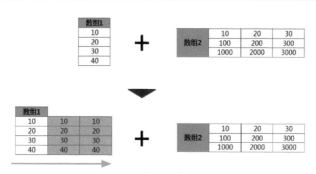

图5-65 数据的自动扩展

数组1扩展后变成一个4行3列的二维数组，再将其与3行3列的数组2相加时，因为两个数组的行数不等，所以在相加的过程中就会出现错误，如图5-66所示。

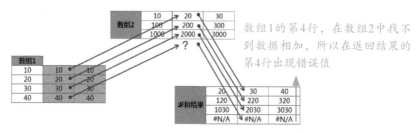

数组1的第4行，在数组2中找不到数据相加，所以在返回结果的第4行出现错误值

图5-66 返回结果中错误值产生的原因

数组1会从1列扩展成3列，为什么数组2不能从3行扩展成4行，让其行数与数组1相同？

事实上，我们所说的数组扩展就是一个复制的过程，即将单个数据复制成多个，将单行数据复制成多行，将单列数据复制成多列。

也就是说，只有单个数据、单列数组或单行数组在运算时才能通过复制其本身增加自身的行列数，使其变为与参与计算数组行列数相同的数组。

如果是一个3行3列的数组，想将其扩展成4行，我们让Excel复制数组中的第1行、第2行，还是第3行到第4行的位置呢？如图5-67所示。

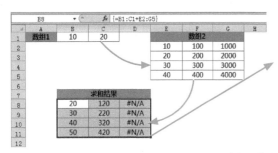

原来的数组有3行，Excel不知道将其扩展成4行后，应该复制第几行的数据到第4行的位置

图5-67　不能扩展多行多列的二维数组

明白行列数不等的数组间的运算规则后，大家还会对图5-68和图5-69所示的计算结果感到奇怪吗？

=B1:C1+E2:G5

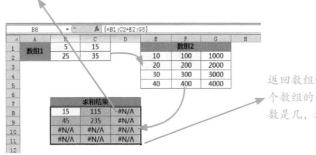

计算时，Excel将数组1依次与数组2的各行相加，但因为数组1在第3列的位置上没有数据，所以返回结果的第3列是错误值"#N/A"

图5-68　行列数不等的数组相加

=B1:C2+E2:G5

两个数组都是二维数组，Excel会从最左上角开始，依次将对应位置的数据相加。因为数组1只有2行2列，在第3行和第3列以后的位置，找不到数据与数组2中对应位置的数据相加，所以在返回结果的数组中，该位置的数据为错误值"#N/A"

返回数组的行列数，由参与计算的两个数组的最大行列数决定。最大行列数是几，返回的数组就是几行几列

图5-69　行列数不等的两个数组相加

我们一直强调，在让数组与数组进行运算时，为避免公式计算出错，应尽量保证参与计算的数组行列数相等。

但通过前面的例子，我们知道，行列数不等的数组依然可以进行加、减或其他运算，两个数组运算后，返回的结果也是一个数组，该数组的行列数与参与计算的数组的最大行

数和最大列数相同，在返回的数组中，大于较小行数数组的行区域，和大于较小列数数组的列区域中的元素均为错误值"#N/A"，有效元素为两个数组中对应元素的计算结果。

● 剔除数组运算产生的错误值汇总数据

因为行列数不等的数组运算后，返回的数组中可能包含错误值"#N/A"，如果直接对这个包含错误值"#N/A"的数组进行求和或其他运算，公式就会返回错误值，如图5-70所示。

对数组公式求和，就是对数组公式返回的数组求和。因为返回的数组中包含错误值，所以求和计算的结果也是错误值

=SUM(B1:C2*E2:G4)

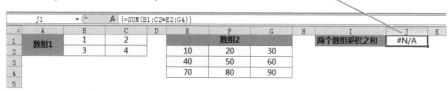

图5-70　对数组公式求和时返回错误值

知道错误值产生的原因，就可以对症下药，让SUM函数在求和前先剔除数组公式返回的错误值，如图5-71所示。

用IFERROR函数将数组相加返回的错误替换为0，再使用SUM函数进行求和运算，公式就能返回正常结果了

=SUM(IFERROR(B1:C2*E2:G4,0))

图5-71　剔除数组运算产生的错误值再求和

虽然可以用公式剔除数组运算返回的错误值，但这个处理的过程有时会变得非常麻烦。设置正确的参数，让数组运算返回的结果不包含错误值，无论是对后续的计算和汇总，还是对公式本身的阅读和理解，都有百益而无一害。

所以，在编写数组公式时，考虑参与计算的数组行列数是否匹配，是非常有必要的。

第5节 认识ROW和COLUMN函数

5.5.1 了解ROW函数的用法

要学习和使用数组公式，就不得不提ROW函数。

ROW函数虽然简单，但应用却非常广泛。可以不夸张地说，如果没有ROW函数，数组公式身上的光芒一定会减少许多。

下面我们就一起来看看，不同的参数设置，ROW函数会返回什么结果。

● 不设置参数——返回公式所在单元格的行号

如果不给ROW函数设置参数，就在ROW函数名称后面只写一对空格号，如：

=ROW()

让我们将这个公式输入不同的单元格中，看看它返回什么结果，如图5-72所示。

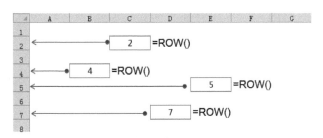

图5-72 不同单元格中ROW()返回的结果

发现了吗？同样的公式，所在的单元格不同，返回的结果也不一定相同。

没错，如果ROW函数不设置参数，那公式所在的单元格是工作表的第几行，函数就返回几，即公式"=ROW()"返回公式所在单元格的行号。

参数为单个单元格——返回参数中单元格的行号

如果ROW函数的参数是单个的单元格，如ROW(B2)、ROW(C5)，函数会返回什么结果？让我们将公式写入单元格中看看，如图5-73所示。

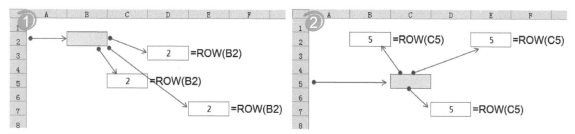

图5-73 ROW函数的参数是单个单元格时的计算结果

很显然，如果ROW函数的参数是单个的单元格，无论公式写在哪里，函数都返回参数中单元格的行号。如ROW(A100)返回A100单元格的行号100，ROW(B25)返回B25单元格的行号25。

参数为连续的多单元格区域——返回区域中各行的行号

如果ROW函数的参数是一个包含多个单元格的区域，该区域中有几行，函数就返回几个数值，这些数值分别是参数的区域中各行的行号，如图5-74所示。

=ROW(A1:F1)

ROW函数的参数是A1:F1，A1:F1这个区域只有1行，且该行是工作表中的第1行，所以函数返回该行的行号1

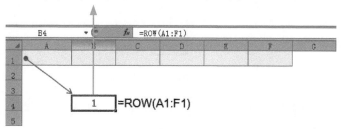

图5-74 ROW函数的参数是单行区域时的计算结果

公式返回的结果是什么，包含几个数值，可以借助键盘上的<F9>键查看，如图5-75所示。

=ROW(B2:C5)

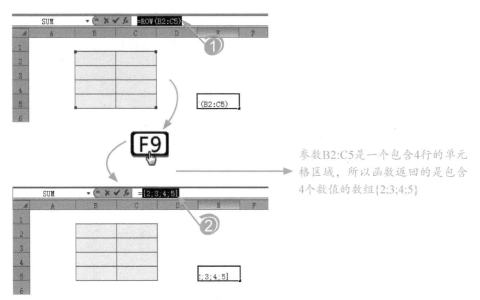

参数B2:C5是一个包含4行的单元格区域，所以函数返回的是包含4个数值的数组{2;3;4;5}

图5-75　查看ROW函数的返回结果

ROW函数返回的数组{2;3;4;5}包含4个数值，这些数值分别是B2:C5中各行的行号，如图5-76所示。

数组{2;3;4;5}中各元素间的分隔符是"；"，说明这是一个4行1列的数组，应选中4行1列的单元格输入公式，才能看到完整的结果

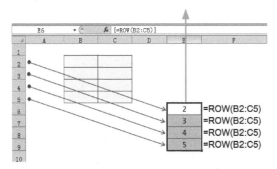

图5-76　ROW函数返回各行的行号

无论ROW函数是否有参数，参数包含几行单元格，使用<F9>键对函数求值后，返回的数值外层都有一对大括号"{}"，如图5-77所示。

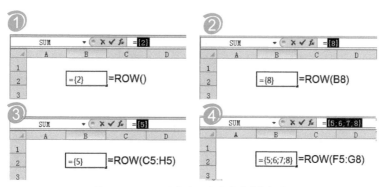

图5-77 ROW函数返回结果外层的大括号

返回的数据外层包含一对大括号，说明ROW函数返回的结果是一个数组，数组中的元素可能只有一个数值，也可能有多个数值。当ROW函数没有参数，或参数只包含一行单元格时，函数返回包含一个数值的数组，当ROW函数的参数包含多行单元格时，函数返回包含多个数值的单列数组。

5.5.2 关于ROW函数的几个疑问

● 什么是ROW(1:1)

"1:1"是对工作表中第1行的引用，包含第1行的所有单元格。所以，ROW(1:1)返回的是第1行的行号组成的数组{1}，与ROW(A1)、ROW(B1)、ROW(B1:H1)等公式的返回结果相同，如图5-78所示。

=ROW(1:1)

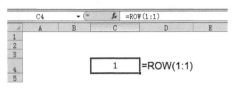

图5-78　ROW(1:1)计算结果

可以只使用行号引用工作表中的行，类似的，"1:3"是对工作表中1到3行的引用，包含工作表中的第1行、第2行和第3行，ROW(1:3)返回由1到3行各行行号组成的数组{1;2;3}，与ROW(A1:A3)、ROW(A1:F3)等公式返回的结果相同，如图5-79所示。

=ROW(1:3)

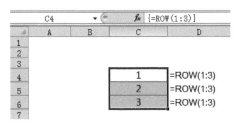

图5-79　ROW(1:3)计算结果

ROW(A1)与ROW(1:1)有什么区别

ROW(A1)和ROW(1:1)返回结果完全相同，只是设置的参数不同，那二者有什么区别？

二者的区别在于删除A1单元格是否会影响函数的计算结果。

我们知道，如果删除了函数参数中引用的单元格，函数就会返回错误值"#REF!"。如果我们删除了工作表中的A1单元格，ROW(A1)就会返回错误值"#REF!"，但是因为A1只是第1行中的1个单元格，所以ROW(1:1)依然能正常计算，如图5-80所示。

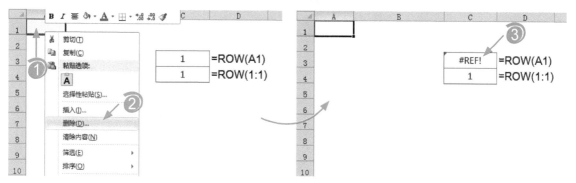

图5-80　删除单元格对函数结果的影响

ROW(1:1)引用的是工作表的第1行，只有删除第1行整行，才会影响ROW(1:1)的计算结果。

因为我们无法保证在使用Excel的过程中，不会删除到函数引用的单元格，所以，使用ROW(1:1)的形式会比ROW(A1)的形式更安全一些。

ROW函数与ROWS函数的区别

ROW函数有一个表亲，名为ROWS函数，也用于计算"行"，二者的区别主要有两点。

第一个区别是ROW函数返回的是参数中区域各行行号组成的数组，而ROWS函数返回的是参数中区域的行数，如图5-81所示。

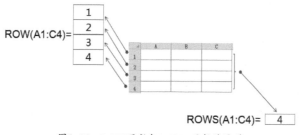

图5-81　ROW函数与ROWS函数的区别

第二个区别是ROW函数返回的是数组，而ROWS函数返回的是单个的数据常量，如图5-82所示。

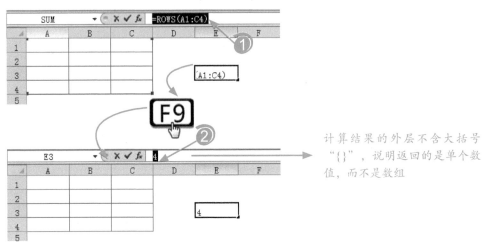

图5-82　借助<F9>键查看ROWS函数的返回结果

5.5.3　用COLUMN函数求区域中各列的列号

COLUMN函数的用法介绍

COLUMN函数与ROW函数的功能和特点非常相似，区别在于ROW函数返回的是参数中区域各行行号组成的数组，而COLUMN返回的是参数中区域各列列号组成的数组。

如果要求公式所在单元格的列号，可以用公式：

=COLUMN()

如果要求F列的列号，可以用公式：

COLUMN(F:F)

如果要求A:F中各列的列号，可以用公式：

COLUMN(A:F)

效果如图5-83所示。

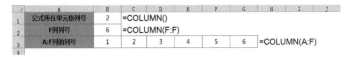

图5-83　COLUMN函数的返回结果

COLUMNS函数与COLUMN函数的区别

COLUMN函数也有一个表亲，名为COLUMNS函数，它俩的区别同ROW函数与ROWS函数的区别一样：COLUMN函数返回的是一个数组，数组中的元素为参数中区域的各列列号，而COLUMNS返回的是单个数值，该数值是参数中区域的列数。

COLUMN函数与ROW函数的区别

COLUMN返回列号组成的数组，ROW函数返回行号组成的数组，行号和列号都由1、2、3、4……之类的数字构成。

那这两个函数有什么区别呢？

从函数能返回的最大数值来看，因为Excel中最后一行行号为1048576，最后一列（XFD列）的列号为16384，所以ROW函数能返回的最大数字为1048576，而COLUMN函数能返回的最大数字为16384，从数量上看，ROW函数应用的范围比COLUMN更广。

 注意

在Excel 2003以及更早期版本中，行号的最大值为65536，列号的最大值为256。

从函数返回的数组来看，ROW函数返回的是由各行行号组成的单列数组，写入单元格时应写入同列的单元格中，而COLUMN函数返回的是单行数组，写入单元格时应写入同行的单元格中。

5.5.4　巧用ROW函数构造序列辅助解题

在编写某些数组公式时，需要使用一些特殊序列来辅助计算，而ROW函数就是用于构造这些特殊序列最常用的函数。

用公式构造等差数列

什么是等差数列？简单地说，就是从第2个数起，每个数与前一个数的差都相等的数列就是等差数列，如1，2，3，4，5……或2，5，8，11，14……

在等差数列中，从第2项（第2个数）开始，每一项与前一项的差都相等，这个差叫作这组数列的公差。

如果要生成的等差数列从1开始，且公差是1，那么将ROW函数的参数设置成"1:1"，再将公式复制到同列其他单元格即可，如图5-84所示。

=ROW(1:1)

图5-84　用ROW函数生成等差数列

如果要构造的等差数列不是从1开始，如5，6，7，8……或-4，-3，-2，-1，0，1，2……可以更改ROW函数的参数，或者将ROW(1:1)的返回结果加或减相应的数值，如图5-85和图5-86所示。

=ROW(5:5)

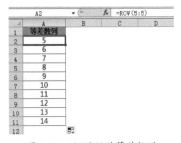

图5-85　从5开始的等差数列

=ROW(1:1)-5

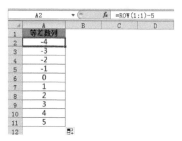

图5-86　从-4开始的等差数列

借助等差数列拆分字符

等差数列有什么用？让我们先举一个简单的例子——将一个文本数据按字符拆分到多个单元格中，如图5-87所示。

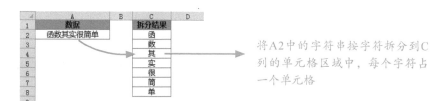

将A2中的字符串按字符拆分到C列的单元格区域中，每个字符占一个单元格

图5-87　按字符拆分文本

这个问题，就是分别截取字符串"函数其实很简单"中的第1个、第2个、第3个……第7个字符，截取字符，最常用的是MID函数，如图5-88所示。

MID函数的第2参数就是一个等差数列

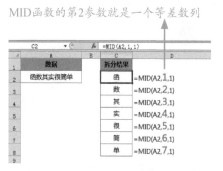

图5-88　使用MID函数按字符拆分文本

截取字符，使用MID函数非常方便，但是大家也看到了，在图5-88的公式中，我们在单元格中输入了7个不同的公式。

但这些不同的公式，区别仅仅是MID函数的第2参数，且第2参数是从1开始，公差是1的等差数列。如果用ROW函数来构造这组序列，解决方法就简单多了，如图5-89所示。

=MID(A$2,**ROW(1:1)**,1)

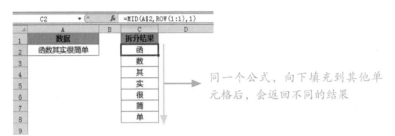

图5-89 使用MID和ROW函数按字符拆分文本

当公式向下填充时，ROW函数引用的区域会发生变化，从而得到不同的数值，因此，MID函数总能返回不同的结果。

也可以只使用一个多单元格数组公式即可完成拆分字符的任务，如图 5 -90所示。

=MID(A$2,**ROW(1:7)**,1)

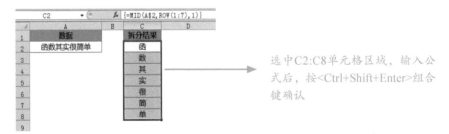

图5-90 用多单元格数组公式拆分字符

让每个姓名重复2次

问题不同，所需要构造的数列可能就不相同。

如图5-91所示，在A列中数据的基础上，如果想借助INDEX函数得到C列所示的结果，大家认为应该将INDEX函数的第2参数设置成什么？

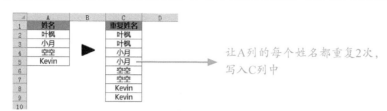

图5-91　让A列中的每个姓名都重复2次

我们需要为INDEX的第2参数构造一个类似"1,1,2,2,3,3……"的数列，让C列中写入的是一串类似这样的公式：

=INDEX($A$2:$A$5,**1**)

=INDEX($A$2:$A$5,**1**)

=INDEX($A$2:$A$5,**2**)

=INDEX($A$2:$A$5,**2**)

=INDEX($A$2:$A$5,**3**)

=INDEX($A$2:$A$5,**3**)

……

怎样借助ROW函数构造这样的数列呢？

首先要明确一点：无论要构造何种样式的数列，都可以在ROW(1:10)这样的数列基础上再通过后续计算得到。

在"1,1,2,2,3,3……"中，每个数值都重复2次，它和"1,2,3,4,5,6……"这样的数列有什么联系？让我们通过一张图来看看，如图5-92所示。

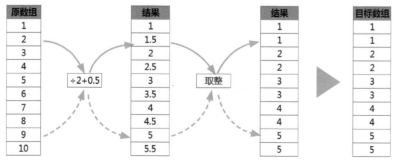

图5-92　数组间的转换过程

将数组ROW(1:10)除以2，加上0.5后再取整，就得到了类似"1,1,2,2,3,3……"的数组，如图5-93所示。

=TRUNC(ROW(1:10)/2+0.5)

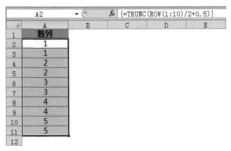

图5-93　构造"112233"形的数列

如果将ROW(1:10)改为ROW(2:11)，让其中的每个数值都增加1，还可以省去加0.5的计算步骤，如图5-94所示。

=TRUNC(ROW(**2**:11)/**2**)

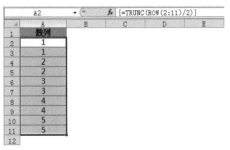

图5-94　构造"112233"形的数列

获得这个数列后，要解决这个问题就简单了，公式如图5-95所示。

=INDEX($A$2:$A$5,TRUNC(**ROW(2:2)**/2))

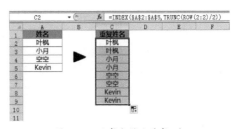

图5-95　让每个姓名重复2次

这是普通公式的解法，还可以用一个多单元格数组公式求得C列的计算结果，如图5-96所示。

=INDEX($A$2:$A$5,TRUNC(**ROW(2:9)**/2))

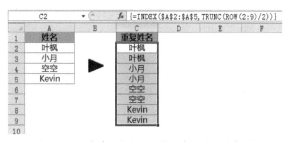

图5-96　用多单元格数组公式让每个姓名重复2次

提示

在这个公式中，使用TRUNC函数的目的，是为了对"ROW(2:9)/2"的计算结果进行取整，从而得到类似112233……的自然数组成的数列。但因为INDEX函数能自动对需要使用整数参数位置上的小数进行取整，以保证函数能正常进行计算，所以解决本例问题的公式可以省略TRUNC函数，将公式写为：

　　=INDEX($A$2:$A$5,ROW(2:9)/2)

这样并不会影响公式的返回结果。除此之外，MID、RIGHT、LEFT等函数也会自动修约参数中的小数。

考考你

如果要构造的序列是重复3次的"1,1,1,2,2,2,3,3,3……"，或重复4次的"1,1,1,1,2,2,2,2,3,3,3,3……"，应该用什么公式？

如果要构造的数列中重复的数值不是连续的"1，2，3"，而是类似"2,2,2,4,4,4,6,6,6……"或"8,8,8,6,6,6,4,4,4……"的数列，应该用什么公式？

如果要构造的数列是类似"1,2,3,1,2,3,1,2,3……"的数列，又应该用什么公式？

手机扫描二维码，可以查看我们给出的参考答案。

不同的数列，构造的方法不同。但无论要构造什么数列，关键都是找到要构造数列与ROW(1:10)之间的关系，再寻找对应的计算方法实现。这里，我们举的只是一些简单的例子，后面我们会介绍更多借助数列来解决问题的例子。

5.5.5　用TRANSPOSE函数对数组进行转置

除了ROW，也可以使用COLUMN函数构造序列。区别在于ROW函数构造的一列数组，而COLUMN构造的是一行数组，如图5-97和图5-98所示。

=TRUNC(**ROW(2:7)**/2)

图5-97　用ROW函数构造列数组

=TRUNC(**COLUMN(B:G)**/2)

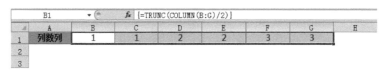

图5-98　用COLUMN函数构造行数组

但因为ROW函数可以构造的数据序列范围更大，且ROW(2:7)比COLUMN(B:G)更能直观地看出引用的行和列及返回数值，所以当需要使用行数组时，我们通常会使用ROW函数构造列数组，再通过TRANSPOSE函数将其转置为行数组，如图5-99所示。

=**TRANSPOSE**(TRUNC(ROW(2:7)/2))

图5-99　用TRANSPOSE函数将列数组转为行数组

TRANSPOSE函数是专门用于转置行列数组的函数，使用它可以将行数组转置成列数组，将列数组转置成行数组。但因为TRANSPOSE 函数的参数和返回结果都是数组，所以必须按照多单元格数组公式的输入方式输入公式。

第6节　用数组公式按条件求和

我们已经学习过使用SUMIF和SUMIFS函数解决条件求和的问题，这一节，让我们一起来学习一种新的解决方法——使用数组公式按条件求和。

5.6.1　求所有商品的销售总额

在开始学习怎样用数组公式解决条件求和问题之前，让我们先来看一个普通的求和问题，如图5-100所示。

销售总额等于所有商品的销售额之和，可是表中只有各商品的单价和销售数量

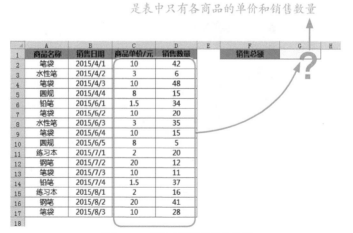

图5-100　求所有商品的销售总额

要求所有商品的销售总额，应先求出每件商品的销售额，再使用SUM函数对销售额进行求和，从而得到全部商品的销售总额，如图5-101所示。

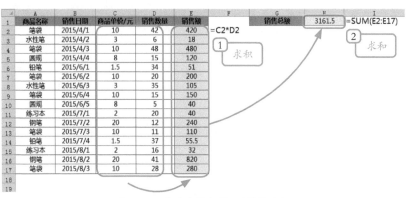

图5-101　分步求所有商品的销售总额

使用这种解决方法没有任何问题，但E列中各商品的销售额只是为了求销售总额而设置的辅助列，并不是真正需要的数据。

如果不想借助辅助区域，可以使用数组公式解决这一问题，公式如图5-102所示。

SUM函数的参数是两个行列数相同的数组乘积，C2:C17*D2:D17返回什么结果，大家应该知道吧？

=SUM(**C2:C17*D2:D17**)

图5-102　用数组公式求所有商品的销售总额

在计算该公式时，Excel会先计算C2:C17*D2:D17，再使用SUM函数对运算的结果求和，如图5-103所示。

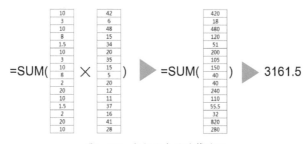

图5-103　数组公式的计算过程

这个例子和条件求和的问题有什么关系?

这个问题虽然不是条件求和，但我们通过刚才的公式可以知道：使用SUM函数可以对数组运算的结果求和。

因此，对于条件求和问题，只要用公式"筛选"出符合条件的数据，再使用SUM函数对这些数据组成的数组求和就可以了，这就是使用数组公式按条件求和的基本思路。

5.6.2　求7月份所有商品的销售总额

在图5-100所示的表格中，如果要求所有"7月份"的销售总额，问题就变成了一个条件求和问题，如图5-104所示。

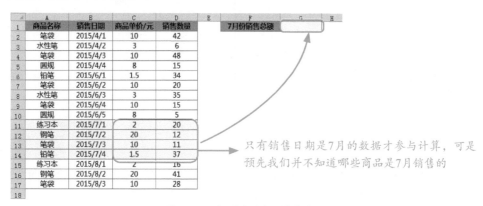

只有销售日期是7月的数据才参与计算，可是预先我们并不知道哪些商品是7月销售的

图5-104　求7月份的商品销售总额

只让7月的销售数据参与求和运算，这就需要在求和之前先剔除那些不是7月销售的商品销售额，如图5-105所示。

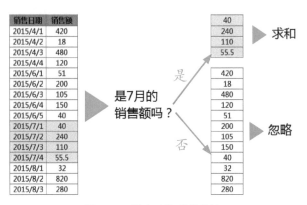

图5-105　剔除不是7月的数据

忽略不是7月的销售数据，可以在执行求和运算前，用0替换掉这些不是7月的销售额，这样，SUM函数的参数就变成了一个由数值0和7月销售额组成的数组。

要实现这一目的，可以借助IF函数，公式如图5-106所示。

$$=IF(MONTH(B2:B17)=7,C2:C17*D2:D17,0)$$

	A	B	C	D	E	F
1	商品名称	销售日期	商品单价/元	销售数量		
2	笔袋	2015/4/1	10	42	0	
3	水性笔	2015/4/2	3	6	0	
4	笔袋	2015/4/3	10	48	0	
5	圆规	2015/4/4	8	15	0	
6	铅笔	2015/6/1	1.5	34	0	
7	笔袋	2015/6/2	10	20	0	
8	水性笔	2015/6/3	3	35	0	
9	笔袋	2015/6/4	10	15	0	
10	圆规	2015/6/5	8	5	0	
11	练习本	2015/7/1	2	20	40	
12	钢笔	2015/7/2	20	12	240	
13	笔袋	2015/7/3	10	11	110	
14	铅笔	2015/7/4	1.5	37	55.5	
15	练习本	2015/8/1	2	16	0	
16	钢笔	2015/8/2	20	41	0	
17	笔袋	2015/8/3	10	28	0	
18						

E2　{=IF(MONTH(B2:B17)=7,C2:C17*D2:D17,0)}

对这个数组求和，即可得到7月的销售总额

图5-106　将不是7月的销售额替换为0

在这个公式中，IF函数的第1、2参数都涉及数组运算，在IF函数进行计算前，Excel会先处理这两个参数中的运算，如图5-107和图5-108所示。

将数组与单个数据进行比较时，Excel会将数组中的
数据逐个与单个数据进行比较，返回由每次比较结
果组成的数组

图5-107　IF函数第1参数的计算过程

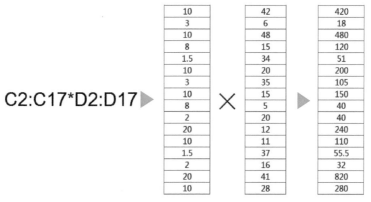

图5-108　IF函数第2参数的计算过程

将IF函数的第1、2参数替换为对应的计算结果，会更容易理解这个公式，如图5-109
所示。

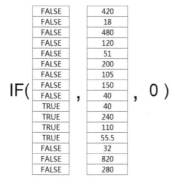

图5-109　第1、2参数是数组的IF函数

第1、2参数都是数组，第3参数是单个数值0，IF函数会怎样计算，返回什么结果？

我们知道，两个行列数不等的数组在计算时，会自动扩展为行列数相等的数组，在图5-109所示的公式中，IF函数的第3参数是单个的数值0，与第1、2参数的行列数不等，在计算时它与图5-110中公式的计算结果相同。

IF(	FALSE	,	420	,	0	)
	FALSE		18		0	
	FALSE		480		0	
	FALSE		120		0	
	FALSE		51		0	
	FALSE		200		0	
	FALSE		105		0	
	FALSE		150		0	
	FALSE		40		0	
	TRUE		40		0	
	TRUE		240		0	
	TRUE		110		0	
	TRUE		55.5		0	
	FALSE		32		0	
	FALSE		820		0	
	FALSE		280		0	

图5-110　3个参数都是数组的IF函数

在理解时，可以将一个数组公式看成是由多个普通公式组合而成的。如本例中的公式，就可以根据IF函数第1参数包含的数据个数，将其分解为16个使用IF函数编写的普通公式，如图5-111所示。

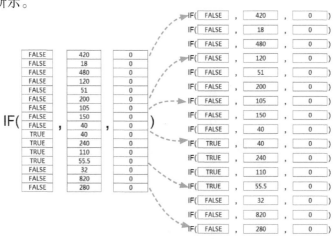

图5-111　数组公式与普通公式

每个普通公式返回一个结果，16个普通公式计算结果组成的数组，就是对应的数组公式返回的结果。所以，3个参数都是数组的IF函数，在计算时会逐个判断第1参数中的各个数据是逻辑值TRUE还是FALSE，如果是逻辑值TRUE，则返回第2参数中对应位置的数据，否则返回第3参数中对应位置的数据，如图5-112所示。

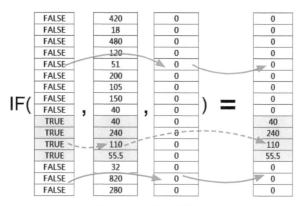

图5-112 公式的计算过程

使用IF函数剔除不符合条件的商品销售额后，再借助SUM函数就可以求得符合条件的销售总额了，如图5-113所示。

$$=SUM(IF(MONTH(B2:B17)=7,C2:C17*D2:D17,0))$$

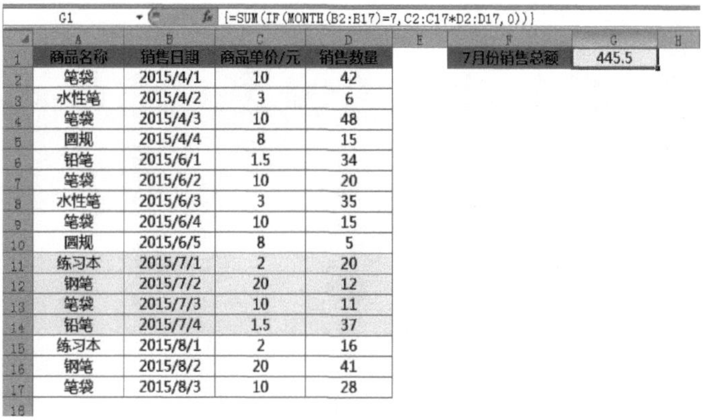

图5-113 求7月份的销售总额

学会这种解决问题的思路后，我们就可以使用数组公式解决条件求和问题了，不同的需求，只需更改IF函数对应的参数即可。在图5-113的表格中，如果要求所有"钢笔"的销售总金额，你知道公式应该写成什么样吗？

手机扫描二维码，查看我们给出的参考答案。

5.6.3　借助算术运算合并求和条件与数据

在图5-113的公式中，我们借助IF函数剔除了不是7月的商品销售额。在实际使用时，还可以借助算术运算符"*"将求和的条件与数据合并起来，这样，公式就不需使用IF函数了，如图5-114所示。

=SUM((MONTH(B2:B17)=7)*(C2:C17*D2:D17))

	G1		fx	{=SUM((MONTH(B2:B17)=7)*(C2:C17*D2:D17))}			
	A	B	C	D	E	F	G	H
1	商品名称	销售日期	商品单价/元	销售数量		7月份销售总额	445.5
2	笔袋	2015/4/1	10	42			
3	水性笔	2015/4/2	3	6			
4	笔袋	2015/4/3	10	48			
5	圆规	2015/4/4	8	15			
6	铅笔	2015/6/1	1.5	34			
7	笔袋	2015/6/2	10	20			
8	水性笔	2015/6/3	3	35			
9	笔袋	2015/6/4	10	15			
10	圆规	2015/6/5	8	5			
11	练习本	2015/7/1	2	20			
12	钢笔	2015/7/2	20	12			
13	笔袋	2015/7/3	10	11			
14	铅笔	2015/7/4	1.5	37			
15	练习本	2015/8/1	2	16			
16	钢笔	2015/8/2	20	41			
17	笔袋	2015/8/3	10	28			
18							

图5-114　求7月份的销售总额

在这个公式中，SUM函数的参数是数组(MONTH(B2:B17)=7)和(C2:C17*D2:D17)的乘积，即判断销售日期是否7月的结果，与各商品的销售额的乘积，如图5-115所示。

$$=SUM((MONTH(B2:B17)=7)*(C2:C17*D2:D17))$$

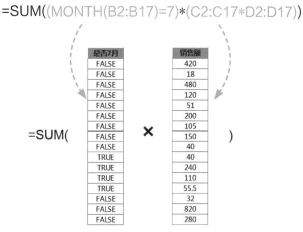

图5-115 月份的判断结果与销售额相乘

因为逻辑值可以直接参与算术运算，且在算术运算中，逻辑值TRUE和FALSE会被分别当成数值1与0，所以(MONTH(B2:B17)=7)和(C2:C17*D2:D17)相乘的结果，就是一个包含数值0与7月销售额的数组，用SUM函数对这个数组求和，即可得到7月的销售总额，如图5-116所示。

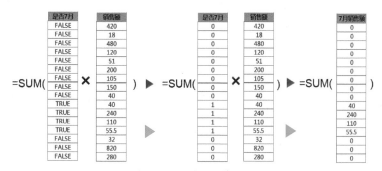

图5-116 公式的计算过程

根据乘法交换律和结合律，当多个数相乘时，改变运算顺序并不影响计算结果，所以本例中的公式可以省略一对括号，将公式写为：

$$=SUM((MONTH(B2:B17)=7)*C2:C17*D2:D17)$$

5.6.4 按多条件求商品销售额

对数组公式而言，无论是单条件求和，还是多条件求和问题，解决的思路都是相同的。掌握了单条件求和的思路，多条件求和问题就简单了。

前面的问题，如果想求6月笔袋的销售总额，可以用图5-117所示的公式。

=SUM((MONTH(B2:B17)=6)*(A2:A17="笔袋")*(C2:C17*D2:D17))

图5-117　求6月所有笔袋的销售总额

发现了吗？无论是单条件求和，还是多条件求和，用来解决的数组公式在结构上都是相同的，都是用SUM函数求多个数组的乘积。

在这个例子中，SUM函数的参数是3个数组的乘积：销售日期是否6月×商品名称是否笔袋×每件商品的销售额，详情如图5-118所示。

只有判断是否符合求和条件的两个数组对应位置的结果都为TRUE，和第3个数组相乘的结果才不会等于0

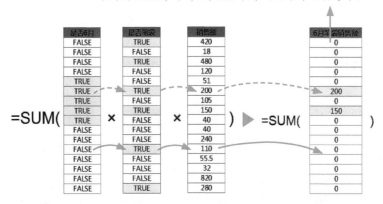

图5-118　公式的计算过程

只有销售月份是6月，同时销售的商品是"笔袋"时，三个数组相乘的结果才不会是0，通过这种方式即可剔除销售额中不符合求和条件的数据。

在这个公式中，第3个数组是要求和的数据，前两个数组用来定义求和条件，每个求和条件都是一个执行比较运算的数组。

同前一个例子一样，也可以省略这个公式中第3个数组的括号，将公式写为：

=SUM((MONTH(B2:B17)=6)*(A2:A17="笔袋")*C2:C17*D2:D17)

这样并不影响公式的计算结果。

对于条件求和的问题，无论多少个求和条件，只要公式长度及嵌套的层数不超过Excel的最大限制，都可以按类似的结构编写公式：

=SUM((条件1区域=条件1)*(条件2区域=条件2)*（条件3区域=条件3）*……*（条件n区域=条件n）*求和区域)

当然，交换公式中各个数组的顺序，并不会影响公式的计算结果。

第7节　使用数组公式按条件计数

提到条件计数，大家第一时间想到的可能是COUNTIF和COUNTIFS函数。的确，对多数的条件计数问题，使用COUNTIF或COUNTIFS就可以解决了。

但无论是COUNTIF，还是COUNTIFS函数能解决的问题，使用数组公式都可以解决。甚至，对某些COUNTIF和COUNTIFS函数不能解决的问题，使用数组公式也可以解决。

5.7.1　根据考试成绩统计及格人数

统计及格人数，就是统计保存及格分数的单元格个数。如果及格分数是60分，用数组公式解决这一问题的方法如图5-119所示。

=SUM(--(B2:B10>=60))

图5-119　根据成绩统计及格人数

公式很简单，要理解它的计算过程并不难。

在计算时，Excel会先计算公式中的"B2:B10>=60"，依次判断B2:B10中的成绩是否达到60分，返回一个由逻辑值TRUE和FALSE组成的数组，如图5-120所示。

=SUM(--{FALSE;TRUE;FALSE;TRUE;FALSE;TRUE;FALSE;TRUE;FALSE})

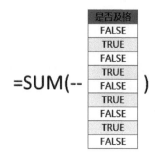

图5-120　判断成绩是否及格

可是，公式中的"--"有什么用？

"--"是两个负号，相当于同时乘两个-1，通常，我们将这种运算称为减负运算。

因为SUM函数不能对逻辑值求和，所以在求和前，需要先将逻辑值转为数值，而"--"的用途就是分别将逻辑值TRUE和FALSE转为数值1和0，如图5-121所示。

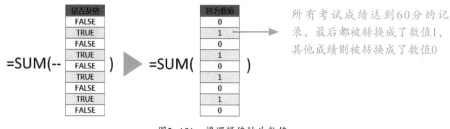

所有考试成绩达到60分的记录，最后都被转换成了数值1，其他成绩则被转换成了数值0

图5-121　将逻辑值转为数值

因为只有成绩达到60分时，执行比较运算才会返回逻辑值TRUE，而逻辑值TRUE能转为数值1，在被转换为数值的数组中，所有数值1对应的记录都是及格的记录，使用SUM函数对这个数组求和，即可得到及格人数。

将逻辑值转换为数值的方法很多，除了使用运算符“--”执行减负运算，还可以用加0、减0、除以1等不会改变原数值大小的运算进行转换，如本例中的公式还可以写为：

=SUM((B2:B10>=60)+0)

=SUM((B2:B10>=60)-0)

=SUM((B2:B10>=60)/1)

5.7.2 根据考试成绩统计双科及格人数

统计语文、数学双科及格人数，需要考虑的统计条件有两个：语文成绩和数学成绩，属于多条件计数问题。

使用数组公式解决这一问题的思路，与条件求和的思路基本相同，公式如图5-122所示。

=SUM((B2:B10>=60)*(C2:C10>=60))

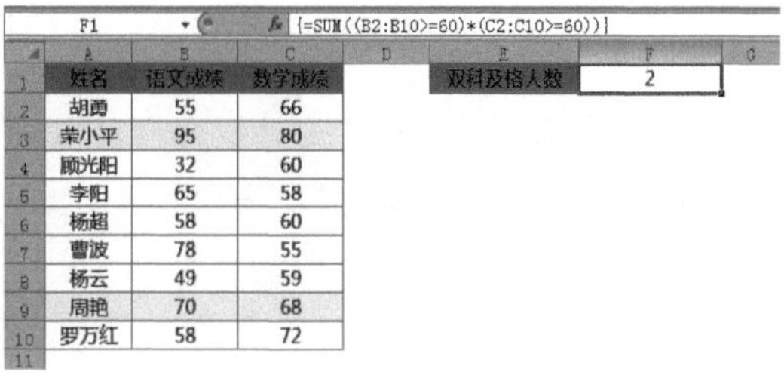

姓名	语文成绩	数学成绩
胡勇	55	66
荣小平	95	80
顾光阳	32	60
李阳	65	58
杨超	58	60
曹波	78	55
杨云	49	59
周艳	70	68
罗万红	58	72

图5-122 求语文和数学双科及格人数

在这个公式中，SUM函数的参数是数组(B2:B10>=60)和数组(C2:C10>=60)的乘积，这两个数组都是执行比较运算的表达式，分别用于判断语文成绩和数学成绩是否达到60分，各对应一个计数条件。

因为(B2:B10>=60)和(C2:C10>=60)都返回由逻辑值TRUE和FALSE组成的数组，且只有两个数组中对应位置的数据都是TRUE时，相乘的结果才是1，因此，SUM函数的求和结果即为满足条件的记录数。

本例中公式的计算过程如图5-123所示。

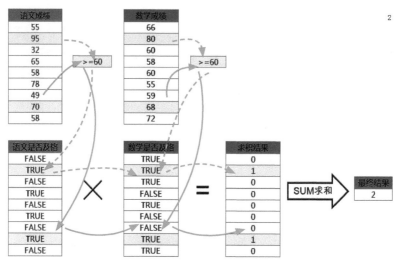

图5-123　公式的计算过程

5.7.3　求1到100的自然数中能被3整除的数据个数

COUNTIF和COUNTIFS函数在条件计数问题中非常有用，但是遗憾的是这两个函数都有一个限制：在函数参数中，需要统计的数据必须是单元格引用，不能是常量数组或返回结果非单元格引用的公式。

如果需要统计的数据是由其他公式计算产生，且该结果不是单元格引用，就不能使用COUNTIF或COUNTIFS函数解决。

举一个例子。

如果要统计1到100的自然数中能被3整除的数据个数，而这些自然数并没有保存在单元格区域中，就不能使用COUNTIF或COUNTIFS函数解决，如图5-124所示。

我们要统计MOD(ROW(1:100),3)返回的数组中有多少个0，可MOD(ROW(1:100),3)返回的结果不是单元格引用，Excel **不允许**将这个公式设置为COUNTIF函数的第一个函数

=COUNTIF(<u>MOD(ROW(1:100),3)</u>,0)

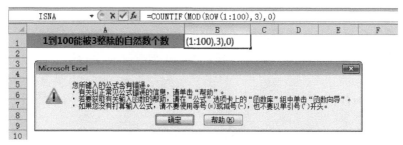

图5-124 错误的公式

 提示

　　MOD是求余数的函数，求4除以3的余数可以用公式=MOD(4,3)，公式=MOD(20,6)是求20除以6所得的余数，公式=MOD(ROW(1:100),3)返回1到100的自然数除以3后所得余数组成的数组，其中余数是0的则表示对应的数值能被3整除。

不能用COUNTIF或COUNTIFS函数解决这类统计问题，但如果使用数组公式却没有任何难度。

用数组公式解决这个问题的方法如图5-125所示。

=SUM(--(MOD(ROW(1:100),3)=0))

图5-125　求1到100的自然数中能被3整除的数据个数

这个公式的计算思路非常简单，有了前面的基础，理解起来并不难：

Step 1 借助ROW(1:100)构造一个由1到100的自然数组成的数组：

=SUM(--(MOD({1;2;3;4;5;6;7;8;9;10;11;12;13;14;15;16;17;18;19;20;21;22;23;24;25;26;27;28;29;30;31;32;33;34;35;36;37;38;39;40;41;42;43;44;45;46;47;48;49;50;51;52;53;54;55;56;57;58;59;60;61;62;63;64;65;66;67;68;69;70;71;72;73;74;75;76;77;78;79;80;81;82;83;84;85;86;87;88;89;90;91;92;93;94;95;96;97;98;99;100},3)=0))

Step 2 用MOD函数依次求数组中各个数据除以3之后所得的余数，返回一个由所有余数组成的数组：

=SUM(--({1;2;0;1}=0))

Step 3 逐个判断数组中各个余数是否等于0，返回一个由逻辑值TRUE和FALSE组成的数组：

=SUM(--{FALSE;FALSE;TRUE;FALSE;FALSE;TRUE;FALSE;FALSE;TRUE;FALSE;FALSE;TRUE;FALSE;FALSE;TRUE;FALSE;FALSE;TRUE;FALSE;FALSE;TRUE;FALSE;FALSE;TRUE;FALSE;

FALSE;TRUE;FALSE;FALSE;TRUE;FALSE;FALSE;TRUE;FALSE;FALSE;

TRUE;FALSE;FALSE;TRUE;FALSE;FALSE;TRUE;FALSE;FALSE;TRUE;

FALSE;FALSE;TRUE;FALSE;FALSE;TRUE;FALSE;FALSE;TRUE;FALSE;

FALSE;TRUE;FALSE;FALSE;TRUE;FALSE;FALSE;TRUE;FALSE;FALSE;

TRUE;FALSE;FALSE;TRUE;FALSE;FALSE;TRUE;FALSE;FALSE;TRUE;

FALSE;FALSE;TRUE;FALSE;FALSE;TRUE;FALSE;FALSE;TRUE;FALSE;

FALSE;TRUE;FALSE;FALSE;TRUE;FALSE;FALSE;TRUE;FALSE;FALSE;

TRUE;FALSE})

Step 4 因为SUM函数不能直接对逻辑值求和，所以在求和前先使用运算符"－－"执行减负运算，将计算所得的逻辑值转为数值：

=SUM({0;0;1;0;0;1;0;0;1;0;0;1;0;0;1;0;0;1;0;0;1;0;0;1;0;0;1;0;0;1;

0;0;1;0;0;1;0;0;1;0;0;1;0;0;1;0;0;1;0;0;1;0;0;1;0;0;1;0;0;1;0;0;1;0;

0;1;0;0;1;0;0;1;0;0;1;0;0;1;0;0;1;0;0;1;0;0;1;0;0;1;0;0;1;0})

Step 5 最后使用SUM函数对数组中的数值求和，得到的结果即为能被3整除的数据个数：

=33

5.7.4　求1到100的自然数中能同时被3和5整除的数据个数

求一组数中能被3整除的数据个数，其实就是一个单条件计数问题。如果增加计数的条件，求这组数中能同时被3和5整除的数据个数，就可以参照多条件计数的公式，将各个计数条件相乘，再对得到的数据求和，公式如图5-126所示。

=SUM((MOD(ROW(1:100),3)=0)*(MOD(ROW(1:100),5)=0))

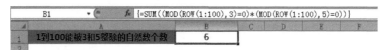

图5-126　求1到100的自然数中能同时被3和5整数的数据个数

使用数组公式解决多条件计数问题时，统计的条件增加，参与乘法运算的数组就增加，我们总是可以用相同结构的公式去解决类似的条件计数问题：

=SUM((条件1区域=条件1)*(条件2区域=条件2)*（条件3区域=条件3）

……（条件n区域=条件n））

发现了吗？和多条件求和公式相比，多条件计数的公式只是少了一个数组：求和区域。

第8节　用数组公式查询和筛选数据

5.8.1　让VLOOKUP函数也能逆向查询

在使用VLOOKUP函数查询数据时，应保证数据列表中的查找值位于返回值的左侧，如果查找值位于返回值的右侧，直接使用VLOOKUP函数将不能完成这个查询任务，如图5-127所示。

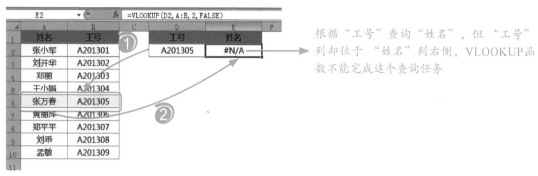

图5-127　VLOOKUP不能完成逆向查询任务

　　VLOOKUP函数不能完成类似的逆向查询任务，是因为A1:B10中数据的存储方式不符合VLOOKUP函数的要求，要想让VLOOKUP函数能完成类似的逆向查询任务，就得调整函数第2参数中数据的列次序，确保查找值"工号"位于返回值"姓名"的左侧，且位于第2参数查询区域或数组的首列。

　　要调整两列数据的列次序，使用数组公式就可以实现，方法如图5-128所示。

VLOOKUP函数的第2参数是IF函数返回的数组，它的作用就是调整"姓名"列和"工号"列的顺序。注意：在IF函数第1参数的数组中，逻辑值TRUE和FALSE之间的**分隔符是逗号","**

=VLOOKUP(D2,IF(**{TRUE,FALSE}**,B1:B10,A1:A10),2,0)

图5-128　用VLOOKUP函数解决逆向查询问题

　　IF函数的第1参数是一个横向数组{TRUE,FALSE}，所以公式IF({TRUE,FALSE},B1:B10,A1:A10)可以分解为两个普通公式：

公式❶：IF(TRUE,B1:B10,A1:A10)

公式❷：IF(FALSE,B1:B10,A1:A10)

两个公式分别返回B1:B10和A1:A10，所以IF({TRUE,FALSE},B1:B10,A1:A10)返回B1:B10和A1:A10组成的10行2列的数组，如图5-129所示。

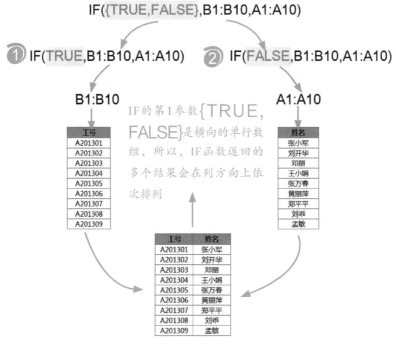

图5-129　用IF函数调整两列数据的列次序

为了方便输入，在实际应用时，很多人都喜欢用1和0去代替公式中的逻辑值TRUE和FALSE，将公式写为：

=VLOOKUP(D2,IF({1,0},B1:B10,A1:A10),2,0)

 提示

在Excel中进行逻辑运算时，0会被当成逻辑值FALSE，所有非0的数值都会被当成逻辑值TRUE。只要我们愿意，还可以将公式中的1换为任意的非0数值，如0.5、2等。

5.8.2　用VLOOKUP函数按多条件查询数据

图5-130所示即为一个多条件查询问题。

根据"客户编号"和"订单编号"查询订单金额，这是一个**双条件**的查询问题

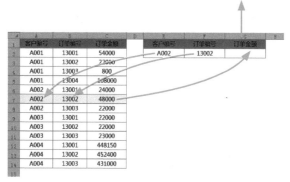

图5-130　根据"客户编号"和"订单编号"查询订单金额

对这类问题，在《别怕，Excel函数其实很简单》中，我们已经介绍过借助辅助列解决的办法。但如果不想占用工作表中的其他单元格和修改表格的外观样式，可以使用数组公式解决，公式如图5-131所示。

在两个查询条件之间连接上"@"，是为了区分类似"100"&"01"和"10"&"001"之间的区别，以保证查询结果正确

=VLOOKUP(E2&"@"&F2,**IF({1,0},A1:A14&"@"&B1:B14,C1:C14)**,2,0)

将"客户编号"、字符"@"与"订单编号"连接成新的字符串设置为VLOOKUP函数的第2参数

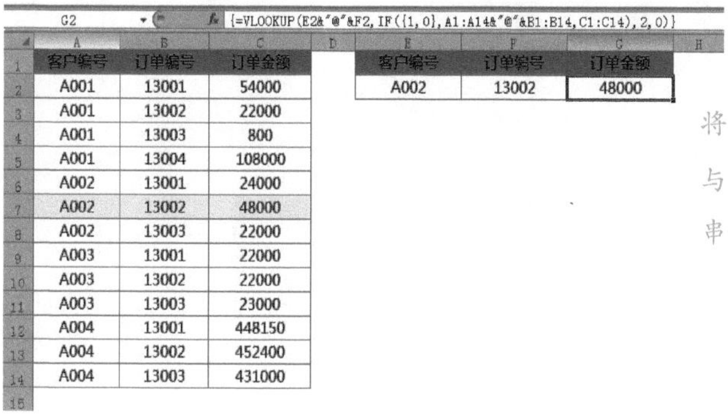

图5-131　用数组公式按多条件查询数据

这个公式的思路与用VLOOKUP函数进行逆向查询的思路一样,都是使用IF函数对查询数据进行整理,使其符合VLOOKUP函数的查询需求,如图5-132所示。

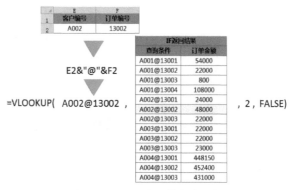

图5-132　用IF函数调整查询区域

5.8.3　使用INDEX函数和MATCH函数按多条件查询数据

对于查询问题,无论是前面提到的逆向查询还是多条件查询,使用INDEX函数和MATCH函数这对黄金搭档都可以解决。相比VLOOKUP函数的解决方法而言,这是一种更常用,也更容易理解的方式。

图5-131中的双条件查询问题,也可以用图5-133所示的方法解决。

MATCH函数的第2参数是两个查询条件合并而成的数组,在该数组中找到两个条件合并的字符串的位置,即可使用INDEX函数取到满足两个条件的数据

=INDEX(C1:C14,MATCH(E2&"@"&F2,A1:A14&"@"&B1:B14,0))

	A	B	C	D	E	F	G	H
	客户编号	订单编号	订单金额		客户编号	订单编号	订单金额	
1	A001	13001	54000		A002	13002	48000	
2	A001	13002	22000					
3	A001	13003	800					
4	A001	13004	108000					
5	A002	13001	24000					
6	A002	13002	48000					
7	A002	13003	22000					
8	A003	13001	22000					
9	A003	13002	22000					
10	A003	13003	23000					
11	A004	13001	448150					
12	A004	13002	452400					
13	A004	13003	431000					
14								

图5-133　用INDEX函数和MATCH函数解决多条件查询问题

提示

　　完成多条件查询问题，还可以使用LOOKUP函数解决，大家可以在第4章第1节中学习相应的方法。

5.8.4　筛选满足条件的数据

筛选"第1组"的所有人员信息

　　筛选"第1组"的人员信息，就是从数据表中把组名为"第1组"的记录筛选出来，保存在新的单元格区域中，如图5-134所示。

	A	B	C	D	E	F	G	H
1	组别	姓名	考核等次		组别	姓名	考核等次	
2	第2组	李如兰	优秀		第1组	李先发	不及格	
3	第4组	刘美美	及格		第1组	张道富	不及格	
4	第1组	李先发	不及格		第1组	徐世鑫	优秀	
5	第3组	姚艳琴	优秀		第1组	车欢欢	及格	
6	第4组	杨德浩	优秀					
7	第3组	刘统倩	及格					
8	第3组	张美云	良好					
9	第4组	李显菊	优秀					
10	第1组	张道富	不及格					
11	第3组	吴清	不及格					
12	第4组	胡琳	优秀					
13	第4组	陈涛	不及格					
14	第1组	徐世鑫	优秀					
15	第2组	郝加杰	及格					
16	第2组	赵威	优秀					
17	第1组	车欢欢	及格					
18	第2组	谢瑶	优秀					
19	第3组	邵文菊	不及格					
20	第3组	罗兴江	不及格					
21								

图5-134　从数据表中筛选组别为"第1组"的人员信息

　　如果想用数组公式完成类似的筛选任务，可以用图5-135所示的方法。

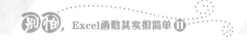

=INDEX(A:A,SMALL(IF($A$1:$A$20="第1组",ROW($1:$20),2^20),

ROW(1:1)))&""

向下、向右填充公式到其他单元格，即可
将数据表中组别为"第1组"的数据信息筛
选出来

	A	B	C	D	E	F	G	H	I
	组别	姓名	考核等次		组别	姓名	考核等次		
1	第2组	李如兰	优秀		第1组	李先发	不及格		
2	第4组	刘美美	及格		第1组	张道富	不及格		
3	第1组	李先发	不及格		第1组	徐世鑫	优秀		
4	第3组	姚艳琴	优秀		第1组	车欢欢	及格		
5	第4组	杨德浩	优秀						
6	第3组	刘统俏	及格						
7	第3组	张美云	良好						
8	第4组	李显菊	优秀						
9	第1组	张道富	不及格						
10	第3组	吴清	不及格						
11	第4组	胡琳	优秀						
12	第4组	陈涛	不及格						
13	第1组	徐世鑫	优秀						
14	第2组	郝加杰	及格						
15	第2组	赵威	优秀						
16	第1组	车欢欢	及格						
17	第2组	谢瑶	优秀						
18	第3组	邵文菊	不及格						
19	第3组	罗兴江	不及格						

图5-135　用公式筛选组别为"第1组"的人员信息

好复杂的公式，计算的思路
和过程是什么呢？

解读这个公式，让我们从最里层开始。

公式主要使用了INDEX、SMALL、IF、ROW等几个函数，而产生数组运算，是因为
在IF函数第1参数的位置使用了数组。

第1参数依次判断A1:A20中的数据是否为"第1组"，返回一个由20个逻辑值TRUE或FALSE组成的单列数组

2^20是求2的20次方的运算式，结果1048576是Excel中最后一行的行号，我们可以直接输入该数值，或使用一个大于数据表中记录数的较大的数值代替它（不能大于1048576）

IF($A$1:$A$20="第1组",ROW($1:$20),2^20)

ROW($1:$20)返回1到20行各行行号组成的单列数组，行列数与第1参数的数组相同

因为IF函数的第1参数由20个数据构成，等同于20个普通公式的计算结果，如图5-136所示。

数组中所有**不等于1048576**的数据，就是满足条件的记录对应的行号

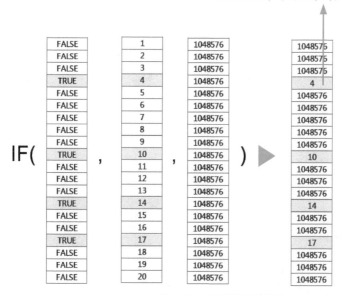

图5-136　IF函数的计算结果

只要将这些不等于1048576的行号提取出来，再使用INDEX提取该行的记录即可达到筛选的目的。要提取这些行号，可以使用SMALL和ROW两个函数完成，如图5-137所示。

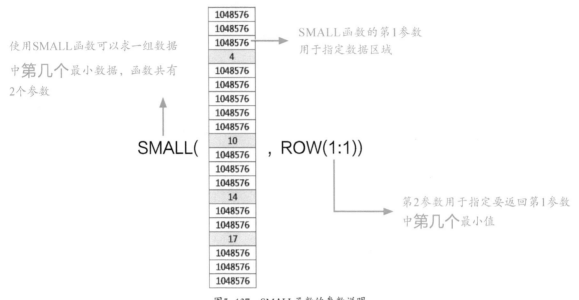

图5-137 SMALL函数的参数说明

第2参数是几，SMALL函数就返回第1参数中的第几个最小值。

因为ROW(1:1)会随公式向下填充自动更改为ROW(2:2)、ROW(3:3)……因此可以保证每行公式中的INDEX函数的第2参数--SMALL函数的返回结果均不相同，从而返回由4、10、14、17、1048576等数值组成的数组，如图5-138所示。

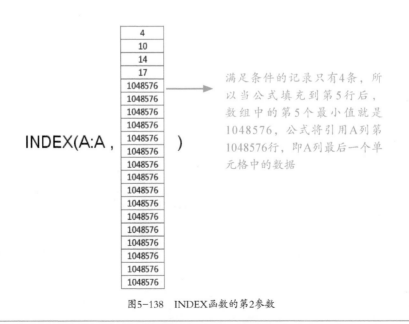

图5-138 INDEX函数的第2参数

借助INDEX函数，即可将各列中满足条件行的数据提取出来，效果如图5-139所示。

=INDEX(A:A,SMALL(IF($A$1:$A$20="第1组",ROW($1:$20),2^20),ROW(1:1)))

	A	B	C	D	E	F	G	H	I
1	组别	姓名	考核等次		组别	姓名	考核等次		
2	第2组	李如兰	优秀		第1组	李先发	不及格		
3	第4组	刘美美	及格		第1组	张道富	不及格		
4	第1组	李先发	不及格		第1组	徐世鑫	优秀		
5	第3组	姚艳琴	优秀		第1组	车欢欢	及格		
6	第4组	杨德洁	优秀		0	0	0		
7	第3组	刘统倩	及格		0	0	0		
8	第3组	张美云	良好		0	0	0		
9	第4组	李显菊	优秀		0	0	0		
10	第1组	张道富	不及格						
11	第3组	吴清	不及格						
12	第4组	胡琳	优秀						
13	第4组	陈涛	不及格						
14	第1组	徐世鑫	优秀						
15	第2组	郝加杰	及格						
16	第2组	赵威	优秀						
17	第1组	车欢欢	及格						
18	第2组	谢瑶	优秀						
19	第3组	邵文菊	不及格						
20	第3组	罗兴江	不及格						
21									

第1048576行的单元格是空单元格，因此从第5个公式开始，INDEX函数返回的结果是0。当在单元格中使用公式引用一个空单元格时，单元格中都会显示数值0

图5-139　用公式筛选"第1组"的记录

引用空单元格产生的0看起来实在碍眼，有什么方法可以将它们隐藏吗？

隐藏引用空单元格产生的0值的方法很多，如可以在公式后面添加&""，如图5-140所示。

=INDEX(A:A,SMALL(IF($A$1:$A$20="第1组",ROW($1:$20),2^20),ROW(5:5)))&""

E6   fx {=INDEX(A:A,SMALL(IF($A$1:$A$20="第1组",ROW($1:$20),2^20),ROW(5:5)))&""}

	A	B	C	D	E	F	G	H	I
1	组别	姓名	考核等次		组别	姓名	考核等次		
2	第2组	李如兰	优秀		第1组	李先发	不及格		
3	第4组	刘美美	及格		第1组	张道富	不及格		
4	第1组	李先发	不及格		第1组	徐世鑫	优秀		
5	第3组	姚艳琴	优秀		第1组	车欢欢	及格		
6	第4组	杨帷浩	优秀						
7	第3组	刘统倩	及格						
8	第3组	张美云	良好						
9	第4组	李显菊	优秀						
10	第1组	张道富	不及格						
11	第3组	吴清	不及格						
12	第4组	胡琳	优秀						
13	第4组	陈涛	不及格						
14	第1组	徐世鑫	优秀						
15	第2组	郝加杰	及格						
16	第3组	赵威	优秀						
17	第1组	车欢欢	及格						
18	第2组	谢瑶	优秀						
19	第3组	邵文菊	不及格						
20	第3组	罗兴江	不及格						
21									

图5-140　隐藏公式因引用空单元格返回的0值

""是包含0个字符的字符串，在INDEX函数返回结果的后面连接上一个长度为0的字符串，空单元格将转为一个长度为0的字符串，不会再显示数值0。

注意

给任意的数据连接上一个长度为0的字符后，该数据将自动转换为文本格式。因此，如果我们的数据是日期值或数值，使用该方法筛选出来的数据会同时改变之前的数据类型为文本。

● 筛选"第2组"姓"李"的人员信息

筛选"第2组"姓"李"的人员信息，这是一个双条件的筛选问题。

使用数组公式按条件筛选数据，关键在于构造SMALL函数第1参数的数组，无论筛选数据的条件有几个，解决思路与单条件筛选的思路都是相同的。

如果想解决本例中的筛选问题，可以用图5-141所示的公式。

=INDEX(A:A,SMALL(IF(($A$1:$A$14="第2组")*(LEFT($B$1:$B$14,1)="李"),

ROW($1:$14),2^20),ROW(1:1)))&""

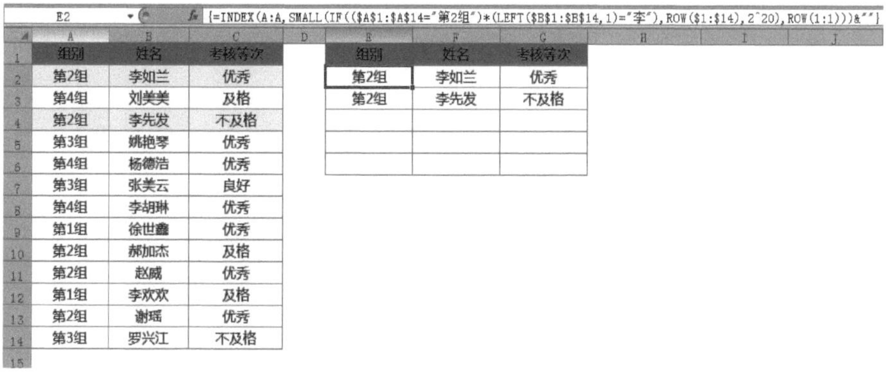

图5-141　筛选"第2组"姓"李"的人员信息

与单条件筛选的公式相比，除了IF函数的第1参数不同之外，其他地方都是相同的。

多条件筛选的数组公式，同多条件求和、多条件计数的公式类似，IF函数的第1参数是多个数组相乘，返回结果为0和1组成的数组的运算式，如图5-142所示。

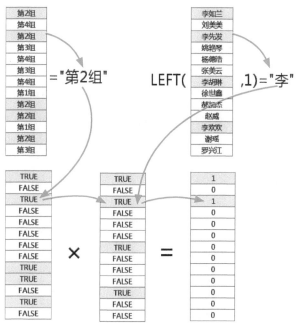

图5-142　IF函数第1参数的计算结果

将这个由数值1和0组成的数组设置为IF函数的第1参数，计算时，数值1和0分别被当成逻辑值TRUE和FALSE，所以IF函数可以返回一个由符合条件的记录所在行号与1048576组成的数组。得到这个数组后，再借助INDEX、SMALL、ROW等函数即可将符合条件的记录筛选出来。

无论筛选数据的条件有多少个，只要不超过公式长度和嵌套层数的限制，都可以用相同的方法添加筛选条件。这是一个最常用的筛选数据的公式，如果大家需要经常进行类似的操作，一定要记住它哦。

第9节　用数组公式计算和处理日期值

5.9.1　日期和数值的联系

我们知道，Excel中的日期值就是数值，日期只是数值的特殊显示样式。

在1900日期系统中，Excel允许用户输入的日期范围为1900年1月1日至9999年12月31日，而数值1代表这个日期区间内的第1天，即1900年1月1日，2代表1900年1月2日，3代表1900年1月3日……以此类推，数值2958465代表这个日期区间的最后一天9999年12月31日，如图5-143所示。

图5-143　Excel中的数值与日期值

在1900日期系统中，Excel中的日期值实际是从1至2958465的自然数序列，用公式计算和处理日期，就是用公式计算和处理日期值对应的数值。

所以，可以使用数组公式，像计算数值一样去解决很多与日期值相关的计算。

5.9.2　求2015年8月包含几个星期一

与星期有关的问题，可能很多人都会想到WEEKDAY函数。的确，要想求2015年8月包含了几个星期一，可以用WEEKDAY函数解决，如使用图5-144所示的公式。

=INT((WEEKDAY("2015-8-1"-1,2)+"2015-8-31"-"2015-8-1")/7)

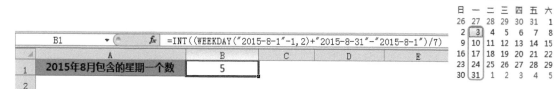

图5-144　求2015年8月包含几个星期一

这个公式大家看懂了吗？

虽然公式看上去很简单，但真要弄清楚其中计算的原理也并非一件简单的事。就算现在弄懂了，大家又能记住多久？

不便记忆，不易理解，是这个公式的缺点。

但如果使用数组公式解决这一问题，就不一样了，如图5-145所示。

=SUM(--(WEEKDAY(DATE(2015,8,ROW(1:31)),2)=1))

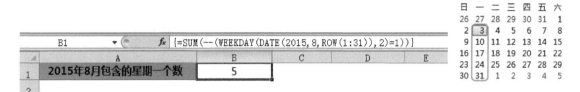

图5-145 求2015年8月包含的周一个数

在这个公式中，WEEKDAY函数的第1参数是DATE函数返回的数组——2015年8月的31个日期值，如图5-146所示。

DATE函数的第3参数是ROW函数返回的数组，ROW函数返回31个数值，DATE函数就返回31个日期值

DATE(2015,8,ROW(1:31))

函数返回1个由2015年8月的31天所有日期值组成的数组

| 2015/8/1 |
| 2015/8/2 |
| 2015/8/3 |
| 2015/8/4 |
| ...... |
| 2015/8/28 |
| 2015/8/29 |
| 2015/8/30 |
| 2015/8/31 |

图5-146 DATE函数返回的结果

使用DATE函数构造好日期数组后，再用WEEKDAY函数依次求日期数组中每个日期值对应的星期：

=SUM(--{6;7;**1**;2;3;4;5;6;7;**1**;2;3;4;5;6;7;**1**;2;3;4;5;6;7;**1**;2;3;4;5;6;7;**1**}=1))

在WEEKDAY函数返回的数组中有多少个数值1，2015年的8月就有多少个星期一，求数组中有多少个数值1，又是一个条件计数的问题，不难吧？

将WEEKDAY函数返回数组中的各个数值与1比较，得到一个由逻辑值TRUE和FALSE组成的数组：

=SUM(--{FALSE;FALSE;**TRUE**;FALSE;FALSE;FALSE;FALSE;FALSE;FALSE;**TRUE**;FALSE;FALSE;FALSE;FALSE;FALSE;FALSE;**TRUE**;FALSE;FALSE;FALSE;FALSE;FALSE;FALSE;**TRUE**;FALSE;FALSE;FALSE;FALSE;FALSE;FALSE;**TRUE**})

使用运算符"--"执行减负运算将数组中的逻辑值转换为数值：

=SUM({0;0;**1**;0;0;0;0;0;0;**1**;0;0;0;0;0;0;**1**;0;0;0;0;0;0;**1**;0;0;0;0;0;0;**1**})

最后用SUM函数对转换成数值的数组求和，得到的就是2015年8月包含的周一的个数。

这个公式借助DATE函数构造了8月的所有日期值，但因为日期值也是数值，所以还可以省去DATE函数，直接用ROW函数构造8月所有日期值对应的数值，如图5-147所示。

=SUM(--(WEEKDAY(ROW(42217:42247),2)=1))

日期2015/8/1和2015/8/31对应的数值分别是42217和42247，所以ROW(42217:42247)返回的31个自然数就是2015年8月的所有日期值，每个自然数对应一个日期值

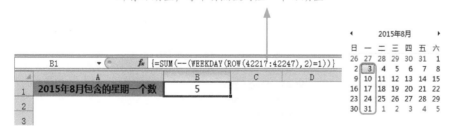

图5-147　求2015年8月包含的星期一个数

5.9.3　今天是今年的第几天

因为每个日期值都对应一个数值，所以，如果想知道今天是今年的第几天，只需计算今天的日期值是今年所有日期值中的第几个即可。

要确定某个数据的位置，使用MATCH函数解决非常方便，公式如图5-148所示。

=MATCH(TODAY(),DATE(YEAR(TODAY()),1,ROW(1:366)),0)

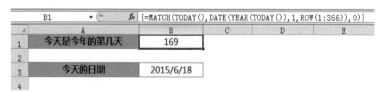

图5-148　求今天是今年的第几天

在这个公式中，MATCH函数的第1参数是TODAY函数返回的当前系统日期，第2参数是DATE函数返回的今年所有日期值组成的数组。

=MATCH(**今天日期值**,今年日期值组成的数组,**0**)

因为一年最多有366天，将DATE函数的第3参数设置为ROW(1:366)，这就保证DATE函数返回的日期值能包含今年的全部日期值。如果今天是2015年，DATE函数返回的是由"2015年1月1日"至"2016年1月1日"366个日期值组成的数组，如图5-149所示。

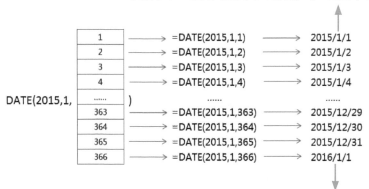

DATE函数的第2参数是1，当第3参数大于1月的天数时，函数会自动递增月数，返回对应的日期值，如DATE(2015,1,100)返回"2015年1月1日"之后第100天的日期值，即"2015年4月10日"

2015年只有365天，当函数的第3参数为366时，函数返回2016年第1天的日期值。将第3参数设置为ROW(1:366)，无论2015年是否闰年，函数返回的数组都能包含全年的日期值

图5-149　DATE函数返回的日期值

数组中的日期值从今年第一个日期开始，使用MATCH函数查找今天的日期在这个数组中的位置，即可知道今天是今年的第几天了。

本例中公式的关键，在于构建日期值组成的数组，解决方法应该还有很多，比如使用公式"=TODAY()−"1−1"+1"，除此之外，你还有其他的解决方法吗？

5.9.4 求2011年1月1日到今天有多少天既是1号又是星期一

现在是2015年6月，离2011年1月1日快5年了，从近2000天的日期值中选出既是星期一，也是1号的日期值，真不是一件容易的事。

对某个日期值，求星期几可以用WEEKDAY函数，求号数可以用DAY函数。要判断某个日期是不是1号的同时也是星期一，需要同时考虑WEEKDAY和DAY函数的返回结果，属于一个双条件计数问题。

双条件计数问题，就用解决双条件计数问题的公式。关键是怎样构造这组要处理的日期数据。

想构造一个从2011年1月1日到今天的日期数组，可以参照5.9.3小节中的方法，将DATE函数的第1、2参数分别设置为2011和1，将第3参数设置为返回多个数值的ROW函数，如：

=DATE(2011,1,ROW(1:2000))

这样，DATE函数将返回一个从2011年1月1日开始，连续的2000个日期值组成的数组，如图5-150所示。

从2011年到2015年包含5年的时间，5年不到2000天，让DATE函数返回2000个日期值足以包括这期间的所有日期值

图5-150　用DATE函数构造日期数组

直接构造一个多于5年的日期值组成的数组，这样就不用花时间去计算从2011年到今天共包括多少个日期值。

构造出这个日期数组后，就可以依次判断这些日期值是否同时满足既是星期一，也是1号这两个条件了，公式为：

=SUM((WEEKDAY(日期值数组,2)=1)*(DAY(日期值数组)=1))

使用SUM函数对两个条件判断结果的乘积求和，就可以得到这2000个日期值中，既是星期一，也是1号的日期值个数，效果如图5-151所示。

=SUM((WEEKDAY(DATE(2011,1,ROW(1:2000)),2)=1)*(DAY(DATE(2011,1,ROW(1:2000)))=1))

图5-151　求日期值数组中既是星期一也是1号的天数

等等，好像还有问题。

这个公式计算的是从2011年1月1日开始，连续的2000天日期值中既是星期一，也是1号的天数。可从2011年1月1日到今天并没有2000天，怎么办？

看来，公式在计算时，不仅要考虑日期对应的星期和号数，还要考虑该日期是否在今天的日期之前，需要增加一个条件，所以，我们还要对公式做一个小手术，如图5-152所示。

=SUM((WEEKDAY(DATE(2011,1,ROW(1:2000)),2)=1)*(DAY(DATE(2011,1,ROW(1:2000)))=1)**(DATE(2011,1,ROW(1:2000))<=TODAY())**)

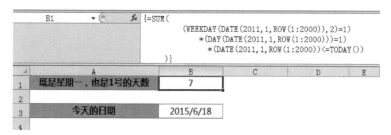

图5-152　统计从2011年1月1日到今天既是星期一也是1号的天数

原本觉得很复杂的问题，是不是觉得其实也很简单？

5.9.5　2016年的母亲节是几号

母亲节在5月的第2个星期日，要求这天的日期，可以先用IF函数，从5月的日期中挑出所有星期日对应的日期值。

=IF(WEEKDAY(DATE(2016,5,ROW(1:31)),2)=7,DATE(2016,5,ROW(1:31)))

公式返回数组效果如图5-153所示。

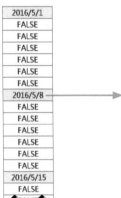

在本例的公式中，IF函数省略了第3参数，对不是星期日的日期值，IF函数默认在其对应的位置返回逻辑值FALSE，所以IF函数返回的是由逻辑值FALSE与5月所有星期日对应日期值组成的数组

图5-153　求2016年5月所有星期日的日期值

因为所有逻辑值都比数值（日期值）大，要想求得该数组中第2个星期日的日期值，使用SMALL函数求得这个数组中第2小的数值即可，如图5-154所示。

=SMALL(IF(WEEKDAY(DATE(2016,5,ROW(1:31)),2)=7,DATE(2016,5,ROW(1:31))),2)

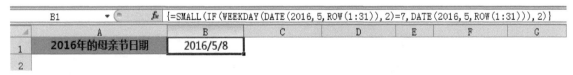

图5-154　求2016年母亲节的日期

这个问题，一定还有其他的解决方法。

但无论是处理数值、日期值还是其他类型的数据，使用数组公式解决的关键都是构造数组，仔细思考，就一定能找到解决的办法。

第10节　其他常见的计算问题

5.10.1　统计单元格区域中不重复的数据个数

统计不重复数据个数，就是将重复的数据只计为1个，如图5-155所示。

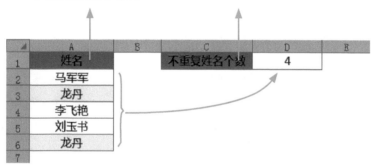

A列中保存了5个姓名，但其中有2个姓名是重复的，只记为1个，所以不重复的姓名共有4个

图5-155　不重复数据个数

不知道单元格中有多少个姓名，每个姓名重复几次，怎么解决这个统计问题？

统计单元格中保存的数据个数，最常用的当属COUNTIF函数。

COUNTIF函数支持在第2参数的位置使用数组，如果第2参数的计数条件是数组，函数将返回一个与第2参数行列数相同的数组，如图5-156所示。

=COUNTIF(A2:A6,**A2:A6**)

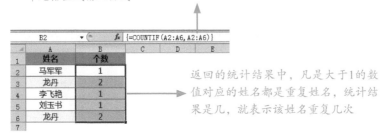

COUNTIF函数的第2参数是区域数组A2:A6，该公式是一个多单元格数组公式，应选中与A2:A6行列数相同的单元格区域输入公式

返回的统计结果中，凡是大于1的数值对应的姓名都是重复姓名，统计结果是几，就表示该姓名重复几次

图5-156　用COUNTIF函数统计姓名个数

COUNTIF函数的第2参数是区域数组A2:A6，包含5个单元格，1个单元格对应1个统计条件。在计算时，COUNTIF会分别统计A2:A6中各个数据，在A2:A6区域中出现的次数，并返回5个统计结果组成的数组，公式等同于5个普通公式的计算结果，如图5-157所示。

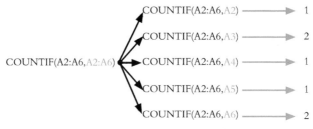

图5-157　COUNTIF函数数组用法的计算结果

每个单元格中姓名重复的次数统计出来了，可是，怎么通过这些数据得到不重复的姓名个数？

想知道这组统计数据与不重复姓名之间的联系，让我们先用数值1除以每个统计结果看看，如图5-158所示。

图5-158　用数值1除以各姓名的个数

如果一个姓名只出现一次，与1相除后的结果就是1，如果一个姓名重复出现2次，与1相除后可得到2个1/2，如果一个姓名重复出现3次，与1相除后可得到3个1/3……

无论姓名重复出现多少次，其个数与1相除后的结果之和都为1，求每个姓名个数与1相除的商之和，即可得到不重复姓名个数，如图5-159所示。

图5-159　求不重复数据个数的公式思路

有了思路，解决的公式就有了，如图5-160所示。

=SUM(1/COUNTIF(A2:A6,A2:A6))

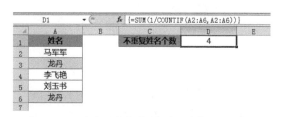

图5-160　用数组公式求单元格中不重复姓名的个数

5.10.2　求字符串中指定字符的个数

对字符串"学Excel，上EH论坛"，如果想求其中包含多少个字符"E"（不分大小写），使用数组公式非常方便。

思路很简单。

只要将其中的各个字符截取出来，依次判断其是否等于字母"E"，将等于"E"的计入总个数，与条件计数问题的解决思路类似。

要解决这个问题，关键是如何将这个字符串中的各个字符截取出来。

要截取字符串中的各个字符，使用MID函数就可以了，如图5-161所示。

=MID(A2,**ROW(1:12)**,1)

MID函数的第1参数是A2，第3参数是1，第2参数是ROW(1:12)。计算时，函数将截取A2中字符串的第1个、第2个、第3个……第12个字符，返回由这12个字符组成的单列数组

图5-161 用MID函数截取字符串中的各个字符

字符串"学Excel，上EH论坛"包含12个字符，为了保证能截取到其中的每个字符，所以将MID函数的第2参数设置为ROW(1:12)，即ROW函数返回数组中的最大值不能小于字符串中包含的字符数。

如果不确定字符串中包含几个字符，在使用时，可以将参数中的12设置为一个较大的数字，如ROW(1:99)，以保证能截取到字符串中的所有字符。如果ROW函数返回的数值个数大于字符串中的字符个数，MID函数会在大于最大字符的位置返回空字符（不包含任意字符的字符串），如图5-162所示。

=MID(A2,**ROW(1:99)**,1)

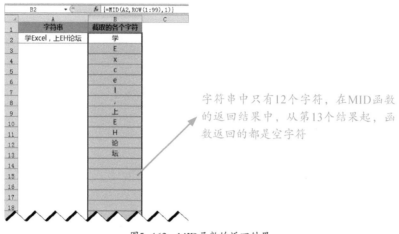

字符串中只有12个字符，在MID函数的返回结果中，从第13个结果起，函数返回的都是空字符

图5-162　MID函数的返回结果

为了简单方便，不考虑字符串中有多少个字符，直接替ROW函数设置一个较大参数，使MID函数能截取到字符串中的各个字符，很多人都喜欢这样用。

截取到字符串中的各个字符后，只需参照条件计数的方法即可求得字母"E"的个数，如图5-163所示。

=SUM(--(MID(A2,ROW(1:99),1)="E"))

图5-163　求字符串中字母"E"的个数

5.10.3　求字符串中包含的数字个数

想求字符串中包含的数字个数，可以参照求字母"E"个数的方法，如图5-164所示。

=SUM(--ISNUMBER(-MID(A2,ROW(1:99),1)))

图5-164　求字符串中包含的数字个数

看懂这个公式的思路了吗?

这个公式计算的思路很简单。

公式先用MID函数将A2中的字符串按字符进行拆分，返回一个由99个字符组成的数组：

=SUM(--ISNUMBER(-{"大";"米";"3";"元";"一";"斤";"，";"我";"买";"了";"1";"2";"5";"斤";""}))

然后使用运算符"--"执行减负运算将返回数组中的数字转为对应数值的相反数，其他非数字字符因为不能转为相反数，被转为错误值"#VALUE!"：

=SUM(--ISNUMBER({#VALUE!;#VALUE!;–3;#VALUE!;#VALUE!;#VALUE!;#VALUE!;#VALUE!;#VALUE!;#VALUE!;–1;–2;–5;#VALUE!}))

接着用ISNUMBER判断数组中的每个元素是否为数值，返回一个由逻辑值TRUE和FALSE组成的数组：

=SUM(--{FALSE;FALSE;TRUE;FALSE;FALSE;FALSE;FALSE;FALSE;FALSE;FALSE;TRUE;TRUE;TRUE;FALSE; FALSE;FALSE;FALSE;FALSE;FALSE;FALSE;FALSE;FALSE;FALSE;FALSE;FALSE;FALSE;FALSE})

最后用减负运算符 "--" 将逻辑值TRUE转为数值1，将逻辑值FALSE转为数值0，再用SUM函数对其求和，即可得到字符串中包含的数字个数：

=SUM({0;0;1;0;0;0;0;0;0;0;1;1;1;0;0;0;0;0;0;0;0;0;0;0;0;0;0;0;0;0;0;0;0;0;0;0;0;0;0;0;0;0;0;0;0;0;0;0;0;0;0;0;0;0;0;0;0;0;0;0;0;0;0;0;0;0;0;0;0;0;0;0;0;0;0;0;0;0;0;0;0;0;0;0;0;0;0;0;0;0;0;0;0;0;0;0;0;0;0})

求字符串中包含数字的个数，关键在于先将字符串按字符拆分后得到数组，然后统计其中的数值元素的个数。

大家还能想到其他方法解决这一问题吗？

除了用ISNUMBER函数，统计数值个数，还有一个更方便的函数——COUNT函数。使用COUNT函数解本例中问题的方法如图5-165所示。

=COUNT(–MID(A2,ROW(1:99),1))

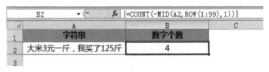

图5-165　求字符串中包含的数字个数

"-MID(A2,ROW(1:99),1)" 返回的是一个由数值和错误值组成的数组，用COUNT可以直接求得这个数组中数值元素的个数。

第6章 另类的Excel公式——名称

这个世界上的很多事物都拥有不止一个称谓，我们常常会习惯于使用自己最熟悉的称谓来表达。比如这个：

很多人习惯叫它"西红柿"，实际上它的学名叫"番茄"，此外还有很多别名：番柿、六月柿、洋柿子、毛秀才、爱情果、情人果等。

很多人也同时拥有多个名字，除了正式证件上的名字，可能还有乳名、艺名、笔名、网名、尊称、雅号、绰号，在不同的时间和场合里使用。有些名字我们如雷贯耳，但其实根本不是人家的本名，因为叫本名的机会不多，本名甚至会被大家渐渐忘记了。考考大家：著名文学家老舍的本名是什么？

在Excel里面，每一个单元格都有一个学名，由列标和行号组成，如A1、C100。单元格区域的名称，则由该区域的左上角单元格和右下角单元格的学名组成，如A1:B20。但是，这样的学名过于机械，如果在公式中需要频繁引用，实在容易搞混淆。好在Excel也有很人性的一面：允许我们重新定义单元格或单元格区域的名字。

第1节 认识Excel中的名称

6.1.1 什么是名称

简单地说，名称就是我们给单元格区域、数据常量或公式设定的一个新名字。

将一个单元格区域、数据常量或公式定义为名称后，就可以直接在Excel的公式中通过定义的名称名来引用这些数据或公式，如图6-1所示。

=单价*数量

公式中的"单价"和"数量"就是为A2和B2单元格取的新名字，此公式等同于=A2*B2的效果

图6-1 公式中的名称

我们给A2和B2这两个单元格各取了一个新名字，当我们在单元格中输入公式"=单价*数量"后，它就会自动引用新名字对应单元格中的数据参与计算。

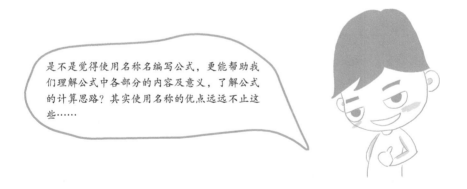

是不是觉得使用名称名编写公式，更能帮助我们理解公式中各部分的内容及意义，了解公式的计算思路？其实使用名称的优点远远不止这些……

就像我们可以给自己取不同的多个网名一样，也可以给同一个单元格区域、数据常量或公式定义多个不同的名称。在公式中，使用任意一个名称，都可以引用到其对应的数据。但同一个数据，名字多了也没什么好处，反而增加记忆和使用的麻烦，所以我觉得没有这样做的必要。

有一点需要说明，名称也是公式，是被命名的公式。

作为公式中的一种，名称带给我们的并不只是直观和简短，它可以解决许多非名称公式不能解决的问题。

如果公式太长，嵌套的层数超过Excel允许的最多层数，可以使用名称突破限制；如果某些引用不能跨工作表使用，使用名称也许就能打破这种规则；如果需要引用一个动态的区域，也可以使用名称定义……

6.1.2　怎样定义一个名称

利用【新建名称】对话框新建名称

依次执行【公式】→【定义名称】→【定义名称】命令，调出【新建名称】对话框，即可在对话框中定义名称，具体步骤如图6-2所示。

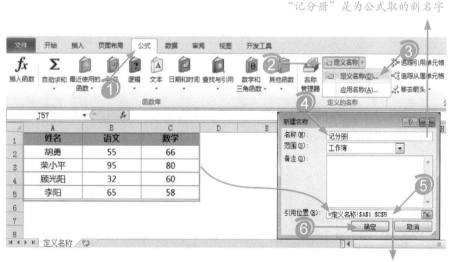

图6-2　定义一个名为"记分册"的名称

还可以通过执行【公式】→【名称管理器】命令（或按<Ctrl+F3>组合键），调出【名称管理器】对话框，在对话框中单击【新建】命令来新建名称，如图6-3所示。

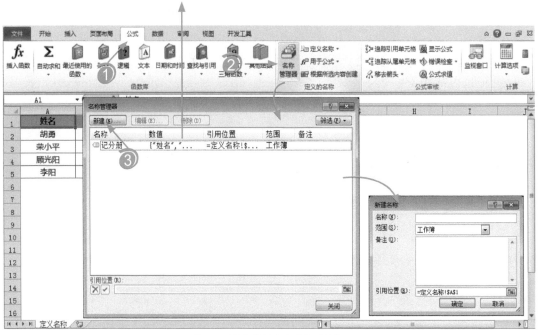

在【名称管理器】对话框中可以看到已经定义的名称列表

图6-3　调出【新建名称】对话框

根据所选内容批量创建名称

如果要将一个区域中的各列（或各行）分别定义为名称，逐列或逐行新建会比较麻烦。这时，可以选中这个区域，让Excel通过我们选择的内容来定义名称，方法如图6-4所示。

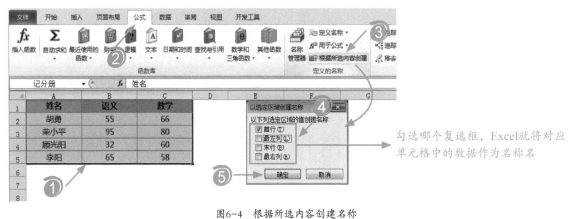

选中要定义名称的区域，依次执行"公式→根据所选内容创建"命令打开"以选定区域创建名称"对话框，在其中设置定义名称的选项

勾选哪个复选框，Excel就将对应单元格中的数据作为名称名

图6-4　根据所选内容创建名称

　　如果在对话框中勾选【首行】复选框，Excel会将选定区域的各列分别定义为名称，并将各列第1行中的数据设置为名称名。

　　完成图6-4所示的操作后，按<Ctrl+F3>组合键调出【名称管理器】，即可在其中查看定义的名称信息，如图6-5所示。

定义名称时选中的区域有多少列，通过这种方式定义的名称就有多少个。各个名称引用的位置、对应的数值都可以在这里看到

图6-5　查看已定义的名称

勾选首列、最末列、最末行定义的名称是什么？大家可以亲自动手操作试试看。

◎ 使用【名称框】快速定义名称

　　如果是将一个单元格区域定义为名称，使用【名称框】会更为快捷，方法如图6-6所示。

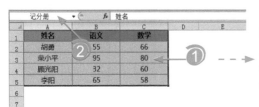

选中要定义名称的区域，直接在【名称框】中输入名称名后按<Enter>键确认即可。如果一个区域被定义为名称，选中该区域后，在【名称框】中显示的也是该区域的名称名

图6-6 利用【名称框】定义名称

定义名称的规范与限制

定义名称的方法虽然有多种，但定义的过程却不是随意的，特别是名称的名字。

从易于理解的目的出发，在定义名称时，我们通常会为名称取一个能说明数据本身的名字，这样，当我们看到该名称名时，就能清楚地知道该名称对应的数据。

例如在将一张记录工资信息的表格定义为名称时，如果将名称名定义为"abc"，如果大家事先不知道该名称对应的数据，当在公式中看到"abc"时，你能知道它对应的是什么数据吗？

所以，在定义名称时，应取一个合情合理的名称名。

然而，名称名也并非可以随便定义而没有限制，如Excel的名称名中不能包含空格，不能与行号、列标、单元格引用同名，不能以数字开头，不能以字母R、r、C、c……作为名称名等。

Excel对名称名的限制很多，远不止我们列出的这些。但大家不必担心记不住这些限制，因为Excel在定义名称时，会自动检查设置的名称名，如果名称名不规范，Excel会通过对话框提示我们，如图6-7所示。

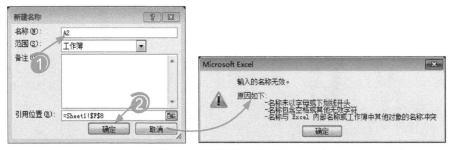

图6-7 设置了不规范的名称名

警告对话框中的提示信息非常清楚，仔细阅读其中的内容，就能知道定义的名称名何处不符合Excel的规范。大家只要根据提示对名称名进行修改即可。

6.1.3　编辑和修改已定义的名称

对已经定义的名称，可以在【名称管理器】中重新编辑和修改它，如图6-8所示。

选中名称，单击【编辑】按钮，可以在打开的【编辑名称】对话框中修改名称

选中名称，单击【删除】按钮即可删除该名称

图6-8　编辑和修改已经定义的名称

第2节　将公式定义为名称

6.2.1　将公式定义为名称

我们已经学会了怎样将单元格区域定义为名称，可是怎样将公式定义为名称呢?

其实，将单元格区域定义为名称，就是将一个公式定义为名称，看看一个已经定义好的名称的引用位置是什么就明白了，如图6-9所示。

=定义名称!$A$1:$C$5

名称的引用位置总是以等号"="开头，说明它是一个公式

图6-9　查看名称的引用位置

无论是将单元格区域还是数据常量定义为名称，其【引用位置】对应的都是一个以等号"="开头的公式。所以，名称其实就是一个被命名的公式。

修改某个名称【引用位置】的公式，该名称的返回结果也会随之更改。

所以，要将某个公式定义为名称，只需将名称的【引用位置】设置为这个公式即可。将一个返回当前系统日期的公式定义为名称的步骤如图6-10所示。

="今天是"&TEXT(TODAY(),"yyyy年m月d日 aaaa")

设置名称名为"当前日期"

图6-10　将公式定义为名称

单击【确定】按钮，该公式就拥有了一个新的名字——"当前日期"，你可以参照该方法将任意的公式定义为名称。

6.2.2　在公式中使用名称

一个公式被定义为名称后，就可以通过对应的名称名来使用它。如定义了图6-10所示的名称后，在单元格中输入公式：

=当前日期

就等同于输入了公式：

="今天是"&TEXT(TODAY(),"yyyy年m月d日　aaaa")

详情如图6-11所示。

=当前日期

图6-11　在公式中使用名称

有一点需要注意，在公式中使用名称时，名称不能写在引号间，否则会被当成文本，不能返回名称对应公式的计算结果，如图6-12所示。

="当前日期"

图6-12　公式中的文本

需要说明一点，无论公式有多长，是数组公式还是普通公式，都可以将其定义为名称。如果是数组公式，也不需要在定义名称时按<Ctrl+Shift+Enter>组合键，更不需要为公式加上数组公式的大括号标志"{}"。同时，定义名称后的公式可以设置为其他函数的参数，与其他函数嵌套使用。

6.2.3 名称中不同的单元格引用样式

同写在单元格中的公式一样，在被定义为名称的公式中，单元格引用可以使用相对引用、绝对引用和混合引用。

🔵 **在名称中使用绝对引用的单元格地址**

定义名称时，如果是通过鼠标选择的方式输入单元格地址，Excel对公式中的单元格地址默认使用绝对引用样式，因此会在行号和列标前都会加上$，如图6-13所示。

=定义名称!$A$3:$C$3

将光标定位到【引用位置】的编辑框中，用鼠标选择要引用的单元格区域，Excel会自动将绝对引用的单元格地址写入公式中

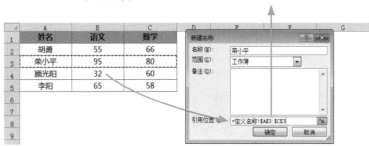

图6-13 用鼠标点选的方式引用单元格

如果使用了绝对引用的单元格地址，无论在什么位置使用这个名称，对应的都是"定义名称!$A$3:$C$3"这个区域，如图6-14所示。

=INDEX(荣小平,3)

E2:F5中的公式结果都是相同的，因为名称"荣小平"引用的是$A$3:$C$3区域，所以公式返回的是这个区域中的第3个单元格C3

图6-14 在公式中使用名称

在名称中使用相对引用的单元格地址

如果单元格地址的行号和列标前均不带 "$" ，则表示该地址使用相对引用，如图6-15所示。

=定义名称!B2:C2

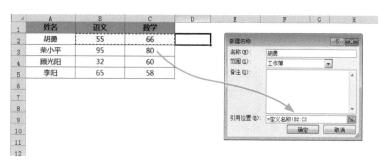

图6-15 使用相对引用的单元格地址

在定义为名称的公式中使用了相对引用的单元格，当在其他位置引用该名称时，Excel会根据定义名称时活动单元格与引用单元格的位置关系，确定名称引用的单元格区域。

如图6-16所示，名称引用的是活动单元格左侧的两个单元格。

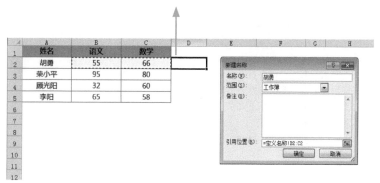

图6-16 活动单元格与名称引用单元格的位置关系

定义名称时，活动单元格与引用的单元格是什么位置关系，使用名称时，公式引用的就是与自己所在单元格相同位置关系的单元格，如图6-17所示。

=SUM(胡勇)

	A	B	C	D	E
	姓名	语文	数学		
2	胡勇	55	66	121	
3	荣小平	95	80	175	
4	顾光阳	32	60	92	
5	李阳	65	58	123	
6					

D4 ▼ ● fx =SUM(胡勇)

D2:D5中的公式都是"=SUM(胡勇)"，公式引用的是相同的名称，实际计算时，总是引用公式所在单元格左边两个单元格中的数据进行求和运算

图6-17 使用相对引用的名称

在名称中使用混合引用的单元格地址

混合引用，是指在单元格地址中，行使用绝对引用，列使用相对引用（如"A$1"），或行使用相对引用，列使用绝对引用（如"$A1"）的引用样式。

在名称中使用混合引用的单元格地址，名称引用到的单元格区域也不是固定的：使用绝对引用的行或列不变，而使用相对引用的行和列会随公式所在单元格或活动单元格的改变而改变。

名称中的引用与单元格中公式的引用没有什么区别，在学习相对引用和绝对引用后，混合引用对大家而言应该不是难题了吧？自己动手定义一个使用混合引用的名称，再在公式中引用它，看不同单元格中的公式返回结果有什么区别。

正因为使用相对引用或混合引用的名称，引用到的区域不是固定的区域，所以在定义这样的名称时，一定要考虑活动单元格、公式写入的单元格与引用单元格三者之间的位置关系，否则在公式中使用名称时，不一定能正确引用到我们想引用的单元格区域。

第3节　用名称代替重复录入的公式

在编写公式的过程中，由于判断、选择等需求，很多时候会在公式中重复录入一段相同的公式，如图6-18所示。

=IF(ISNA(VLOOKUP(E1,\$A:\$B,2,FALSE)),"未找到",V L O O K U P (E1,\$A:\$B,2,FALSE))

公式使用IF函数处理VLOOKUP可能返回的"#N/A"错误

	A	B	C	D	E	F	G	H	I	J
	姓名	成绩		查询姓名	熊祥飞					
1										
2	林芳	127		返回成绩	123					
3	孙中银	123								
4	熊祥飞	123								
5	王勇	142								
6	卢林涛	117								
7	顾勇	118								
8										

E2 单元格公式：=IF(ISNA(VLOOKUP(E1,\$A:\$B,2,FALSE)),"未找到",VLOOKUP(E1,\$A:\$B,2,FALSE))

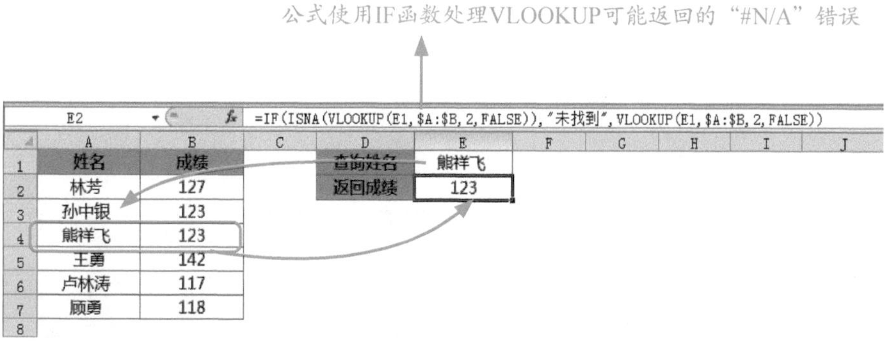

图6-18　公式中的重复部分

如果这类重复的公式较长，不但会增加公式的录入量，也会给阅读和理解公式带来许多障碍。

但是如果将这部分重复的公式定义为名称，在公式中使用一个较短的名称名代替它，将能有效减少录入量和公式的长度，使公式变得直观、简洁。

Step 1 选中E2单元格，将公式"=VLOOKUP(E1,\$A:\$B,2,FALSE)"定义为名称"查询结果"，如图6-19所示。

定义为名称的公式中存在相对引用的单元格，所以**定义名称前先**

选中要输入公式的单元格E2，这一步很关键

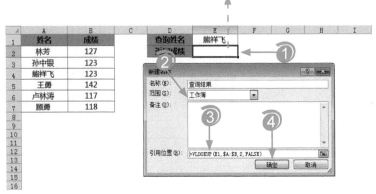

图6-19 定义名称

Step 2 在E2单元格中使用定义的名称编写公式，完成查询任务，如图6-20所示。

=IF(ISNA(查询结果),"未找到",查询结果)

图6-20 在公式中使用名称代替公式的重复部分

使用名称代替重复的部分公式后，公式的嵌套层数变少了，原公式简洁了许多，更有利于我们解读和维护公式。

提示

因为使用名称能减少公式嵌套的层数，所以还可以通过名称突破公式嵌套的层数限制。在Excel 2003或更早期版本中，一个公式最多只允许嵌套7层，但对一些复杂的问题，嵌套7层可能是不够用的。当公式嵌套超过7层时，就可以将前7层的公式定义为名称，然后再在公式中使用名称去引用这部分公式，因为名称名未带括号，它所对应的公式嵌套层数并不会被计算在新公式中，从而达到突破嵌套7层的限制。

当然，从Excel 2007开始，公式允许嵌套的最大层数是64层，应该能满足绝大多数复杂公式的需要了。

第4节　突破限制，让函数也能查询图片

我们知道，Excel公式主要用于数据汇总和计算，面对图形、图片等几乎无能为力。也正因为如此，用函数查询图片，在很多人看来，几乎是不敢想象的事情。

让我们先来看一个查询图片的问题，如图6-21所示。

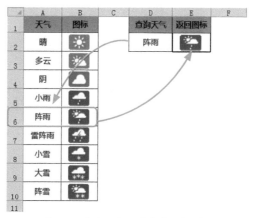

图6-21　根据天气名称查询天气图标

B列保存的是图片，不是数据。可是面对图片，VLOOKUP、LOOKUP等常用的查询函数都无能为力，怎么办？

函数不能直接处理图片，但如果借助名称，查询图片也不是问题。

Step 1 新建一个名称"p"，引用位置设置为公式：

=OFFSET($B$1,MATCH($D$2,$A:$A,0)-1,0)

如图6-22所示。

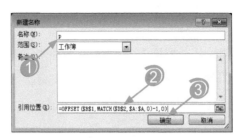

图6-22　将公式定义为名称

Step 2 复制一张图片到返回查询结果的单元格——E2中，如图6-23所示。

复制时可以选择任意的图片，复制后调整图片的位置、大小，使其和单元格大小匹配

图6-23　复制图片到E2单元格

Step 3 在D2单元格中输入任意天气名称，如"阴"，选中E2中复制得到的图片，在【编辑栏】中输入公式：

=p

其中，p是刚才定义的名称名。

输入公式后，按【Enter】键确认输入，对应天气的图标就返回在E2单元格中了，如图6-24所示。

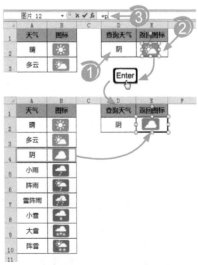

图6-24　返回的查询结果

设置完成后，只要更改D2中的天气数据，E2中的天气图标也会随之改变，如图6-25所示。

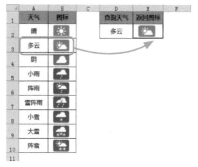

图6-25 查询天气对应的图标

第5节 借助名称，让宏表函数工作起来

6.5.1 宏表和宏表函数

宏表函数，就是在宏表中使用的函数。

Excel中有一种特殊的表叫"MS Excel 4.0宏表"，通常大家都将它称为宏表。可以按图6-26所示的方法在工作簿中插入一张宏表。

这个是平时保存数据的工作表

图6-26 在工作簿中插入宏表

新插入的宏表，从外观上看，与平时用来保存数据的工作表没有太大的区别，如图 6-27所示。

图6-27　宏表的外观

但是，宏表与工作表是两种完全不同的表。

从某种角度上说，Excel宏表就是VBA的前身，用于Excel 4.0及更早版本的Excel中。那时，Excel还不支持使用VBA，为了解决一些特殊问题，大家经常利用宏表编写一些程序语句，以此来扩展Excel的功能。

但自从微软在Excel 5.0增加了VBA的功能后，宏表就慢慢走向幕后，以前用它分担的工作，慢慢都被VBA代替了。尽管如此，在今天的Excel中，依然支持使用宏表。

既然宏表已经"淘汰"多年了，为什么还要在这里讨论和学习它？

在这里，我们要讨论和学习的不是宏表，而是宏表函数。

尽管我们已经习惯用VBA来自定义和扩展Excel的功能，但对一些简单的应用，使用宏表函数会比使用VBA简单得多。也正因为如此，虽然今天已经很少有人再学习和使用宏表，但依然在学习和使用一部分常用的宏表函数。

宏表函数的使用并不复杂，与工作表函数没有太大区别。唯有一点：宏表函数不能直接在普通工作表中使用，需要借助定义名称来使用它。

下面，我们通过几个例子来学习怎样使用宏表函数。

6.5.2　让文本计算式完成计算

文本计算式，就是外观是算术计算式，但不具有计算功能的文本，如"2+3"、"5*2+1/3"等，如图6-28所示。

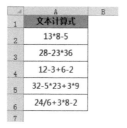

图6-28　工作表中的文本计算式

如果想让这些文本计算式执行计算，并返回计算的结果，Excel中并没有提供解决这个问题的工作表函数，但使用宏表函数EVALUATE却可以解决，解决的方法和步骤如下。

Step 1 选中要输入公式的B2单元格，新建一个名称"计算结果"，将其引用位置设置为公式：

=EVALUATE(A2)

如图6-29所示。

EVALUATE函数的参数是A2，使用相对引用，定义名称时，要注意活动单元格与引用单元格之间的位置关系

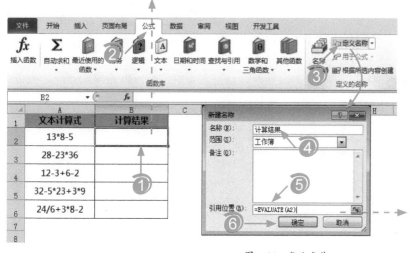

EVALUATE函数只有一个参数，可以是字符串、单元格引用或其他公式的计算结果

图6-29　定义名称

Step 2 返回工作表区域，在B2单元格中输入公式：

=计算结果

再使用填充功能，将公式复制到B列的其他单元格中，即可在B列中看到文本计算式的计算结果，如图6-30所示。

	A	B	C
	B2		f_x =计算结果
1	**文本计算式**	**计算结果**	
2	13*8-5	99	
3	28-23*36	-800	
4	12-3+6-2	13	
5	32-5*23+3*9	-56	
6	24/6+3*8-2	26	
7			

图6-30　公式计算结果

注意

如果在工作簿中使用了宏表函数，应将工作簿文件保存为"启用宏的工作簿(*.xlsm)"，并允许Excel启用宏，否则宏表函数不能完成计算。

写有VBA代码的文件需要保存为xlsm文件并启用宏才能使用，宏表是VBA的前身，所以使用宏表函数的文件也应保存为xlsm文件并启用宏，这个能理解吧？

6.5.3　求活动工作表的名称

使用GET.DOCUMENT函数也可以求活动工作表的名称，如果想求活动工作表名称，就将函数的参数设置为数值76，如图6-31所示。

＝GET.DOCUMENT(76)

=ShtName

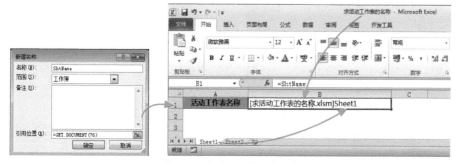

图6-31　求活动工作表的名称

公式返回的结果是"[求活动工作表的名称.xlsm]Sheet1"，包含工作簿名称和工作表名称两部分，可是"Sheet1"才是我要的信息。

不想让公式的返回结果包含工作簿名称，可以将其替换掉。

在公式返回结果中，右中括号"]"前的信息都是工作簿名称，只要找到"]"的位置，就可以使用RIGHT函数将工作表名称截取出来，如图6-32所示。

=RIGHT(ShtName,LEN(ShtName)-FIND("]",ShtName))

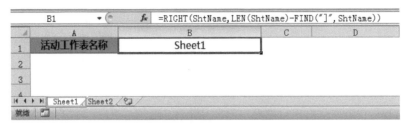

图6-32　求活动工作表的标签名称

也可以使用图6-33所示的公式。

=TRIM(RIGHT(SUBSTITUTE(ShtName,"]",REPT(" ",99)),99))

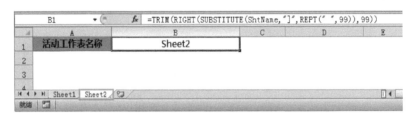

图6-33　求活动工作表的标签名称

考考你

通过图6-31中的公式我们知道，GET.DOCUMENT(76) 的返回结果是一个包含工作簿及活动工作表名称信息的一个字符串，你能参照求活动工作表名称的思路，求得工作簿的名称吗？

手机扫描二维码，可以获得我们给出的参考答案和其他解决办法。

6.5.4 求工作簿中所有工作表的名称

如果想替工作簿中所有工作表建一个目录，就需要录入工作簿中所有工作表的名称，如图6-34所示。

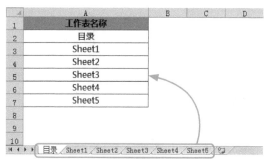

图6-34 工作簿中所有工作表的名称

想获得工作簿中所有工作表的名称，可以借助宏表函数GET.WORKBOOK解决。

首先，定义一个名称"ShtList"，将其引用位置设置为：

=GET.WORKBOOK(1)

如图6-35所示。

图6-35 定义名称

名称"ShtList"返回的就是由工作簿中所有工作表名称组成的单行数组，可以在任意单元格中输入公式"=ShtList"，再借助<F9>键查看其返回的结果，如图6-36所示。

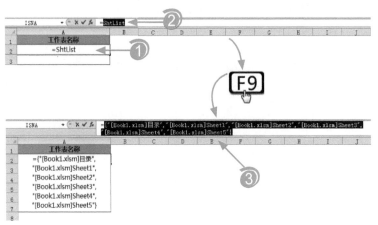

图6-36　查看名称返回的结果

获得工作表名称组成的数组，再借助INDEX函数和ROW函数就可以逐个将工作表名称写入单元格中，如图6-37所示。

=INDEX(ShtList,ROW(1:1))

图6-37　将工作表名称写入单元格中

如果想"隐藏"公式可能返回的错误值"#REF!"，可以使用IFERROR函数，公式如图6-38所示。

=IFERROR(INDEX(ShtList,ROW(1:1)),"")

图6-38　隐藏公式可能返回的错误值

公式返回的是类似"[Book1.
xlsm]Sheet1"工作表名,包含了
工作簿的名称,可我并不想要工作簿名
称"[Book1.xlsm]"。

　　还记得6.5.3小节中求活动工作表名称的方法吗?可以使用同样的方法,将公式返回结果中的工作簿名称去掉,只保留工作表名称,方法很多,如图6-39所示即为其中一种。

=TRIM(RIGHT(SUBSTITUTE(IFERROR(INDEX(ShtList,ROW(1:1)),""),"]",REPT(" ",99)),99))

图6-39　求工作簿中所有工作表名称

这个公式看上去有点长,大家能看懂
吗?试着解读它。相信我,当真正理解
公式的思路后,一定能收获许多。

GET.DOCUMENT和GET.WORKBOOK函数都有两个参数，在前面的例子中我们只替它们设置了第1参数，而省略了第2参数。如果省略了第2参数，函数将返回公式所在工作簿的信息，如果想获取其他已打开的工作簿的信息，可以用第2参数指定，如 "=GET.DOCUMENT(88,"Book2.xlsx")。

6.5.5 获取指定目录中的文件名称

在 "F:\Excel资料" 目录中保存了一些不知类型，不知数量的文件，现想将这些文件名称写入工作表的A列中，如图6-40所示。

图6-40　文件夹和工作表中的文件名称

除了VBA，大家还能想出哪些办法解决这个问题？可以先挑战一下再接着看后面的内容。

如果使用宏表函数FILES解决这一问题，从学习到会使用这个函数，一定花不了五分钟时间。主要设置步骤如下。

Step 1 新建一个名称"文件名称"，将【引用位置】设置为公式：

=FILES("F:\Excel资料*.*")

如图6-41所示。

图6-41　定义名称

FILES返回的是一个由多个文件名称组成的单行数组，可以借助<F9>键查看公式结果，如图6-42所示。

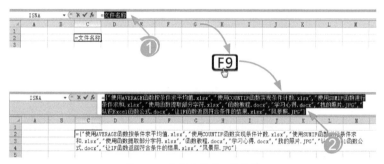

图6-42　查看公式返回的结果

Step 2 使用INDEX函数和ROW函数，将文件名称逐个从数组中取出来，写入单元格中，公式如图6-43所示。

=INDEX(文件名称,ROW(1:1))

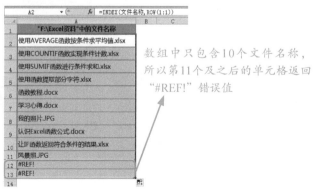

数组中只包含10个文件名称，所以第11个及之后的单元格返回"#REF!"错误值

图6-43　将数组中的文件名写入单元格中

Step 3 借助IFERROR函数"隐藏"公式可能返回的错误值"#REF!"，如图6-44所示。

=IFERROR(INDEX(文件名称,ROW(1:1)),"")

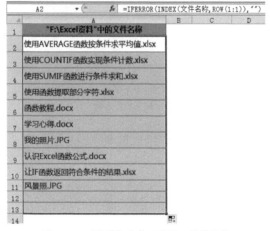

图6-44　"隐藏"公式可能返回的错误值

取得文件名后，如果需要，可以借助HYPERLINK函数为这些文件建立超链接，自制一个便于查看文件的目录。

 考考你

　　宏表函数FILES的参数是一个包含文件路径及文件类型两部分的字符串。如本例公式=FILES("F:\Excel资料*.*")中的路径为"F:\Excel资料\"，文件类型为"*.*"，如果只想获取指定类型的文件名称，应将"*.*"更改为对应的文件类型。

　　了解公式的设置方法后，如果想获取的是F盘根目录中，扩展名为".xlsx"的文件名称，你知道应该怎样设置公式吗？

　　手机扫描二维码，可以查看我们给出的参考答案。

6.5.6 让宏表函数自动重新计算

宏表函数除了不能直接在普通工作表中使用外，还有一个缺点：一些宏表函数不会自动重算，即使按下键盘上的<F9>键，它也不会更新公式结果。

图6-45中公式的作用是获得当前活动工作表的标签名称，其中ShtName是定义的名称。

=RIGHT(ShtName,LEN(ShtName)-FIND("]",ShtName))

=GET.DOCUMENT(76)

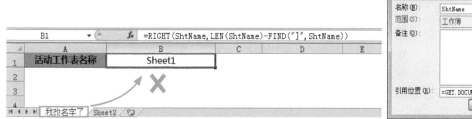

图6-45　未自动更新结果的公式

活动工作表的名称已经更改了，可是公式返回结果并没有随之改变，这是因为宏表函数GET.DOCUMENT不会自动重算，只有手动双击公式所在单元格，重新确认公式才会更新结果。

公式不会自动重算，那公式还有什么存在的意义？每次都得重新编辑公式，真是件麻烦事。

宏表函数不会自动重算是个麻烦问题，但并非没有破解的办法。

想让使用宏表函数的公式自动重算，可以在定义名称时，在公式中使用一个工作表中的易失性函数，如TODAY函数，将名称【引用位置】的公式设置为：

=GET.DOCUMENT(76)&T(TODAY())

如图6-46所示。

图6-46　重新编辑定义的名称

TODAY是易失性函数，工作表重算后即会自动重新计算结果。而T函数可以将它转为一个包含0个字符的字符串""，让GET.DOCUMENT(76)返回的结果连上一个会自动重算的空字符""，在不改变公式返回结果的前提下，实现了整个公式重算的目的

=GET.DOCUMENT(76)&T(TODAY())

如果原公式返回的结果是数值，为不改变数据的类型，可以用其他函数将易失性函数的结果转换为0，使用加0的思路，让公式自动重算

这样设置后，当我们再更改工作表的名称，公式就会返回最新的结果了，其他不会自动重算的函数都可以参照这种思路进行设置，快去试一试吧。

第 7 章　在条件格式中使用公式

　　无论是基于对舒适的需求、还是昭示个性的追求，或者是基于对社交礼仪的遵守，我们通常需要在不同的场合、不同的时段来穿不同的服饰。例如参加会议或宴请要着正装；运动健身要穿对应的运动服装——包括泳装；在家里穿休闲服……

　　为了满足这些着装的需要，我们不但要先准备好各种服饰，还得及时、正确地进行更换。为此，我们有时候甚至得带着好几套衣服出门——尤其是出差的时候。每每回想起我上次手忙脚乱换衣服的经历、穿错衣服的尴尬，真是冷汗一大把。

　　如果有一种万能衣服，想变就变该有多好。

　　我不知道万能衣服什么时候能够问世，但是类似的东西在Excel里面是早就有了。当我们在制作数据表格的时候，不但可以对现有的数据进行各种格式设置，让不同的部分呈现特定的外观，还可以设置一种智能化的格式——当表格里面的数据发生改变时，根据预设的规则自动改变外观。这个高大上的功能就是Excel的条件格式。

第1节 认识Excel中的条件格式

7.1.1 什么是条件格式

简单地说，条件格式就是一个设置单元格格式的智能机器人，它会一直监控目标单元格区域，根据预先设置的条件，对满足不同条件的单元格应用指定的格式。如果单元格的数据发生变化，它还会重新评估并应用格式，而不需要我们手动干预。

想给单元格设置格式？怎样设置？把你的设置条件告诉我，一切让我来。我是条件格式，就爱助人为乐。

7.1.2 什么时候会用到条件格式

我要把所有不小于400的数值所在的单元格全部填充红色底纹。

不小于400是设置格式的条件，填充红色底纹是要设置的格式，类似的问题，都可以让Excel中的条件格式替我们解决。

7.1.3　感受条件格式的威力

　　下面我们就示范，如何通过设置条件格式，将数值不小于400的单元格填充红色底纹。

　　Step 1 选中目标单元格区域，依次执行【开始】→【条件格式】→【新建规则】命令，调出【新建格式规则】对话框，如图7-1所示。

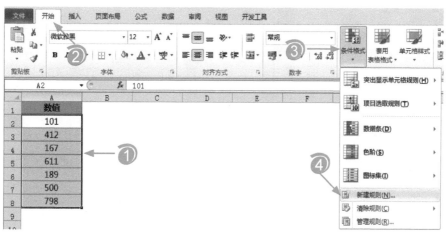

图7-1　调出【新建格式规则】对话框

　　Step 2 在【新建格式规则】对话框中设置格式条件，如图7-2所示。

图7-2　设置格式条件

Step 3 单击【新建格式规则】对话框中的【格式】按钮，调出【设置单元格格式】对话框，如图7-3所示。

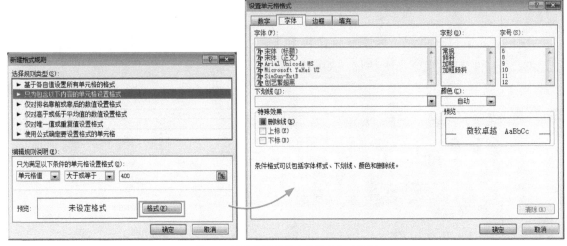

图7-3　调出【设置单元格格式】对话框

Step 4 在【设置单元格格式】对话框中设置格式样式，如图7-4所示。

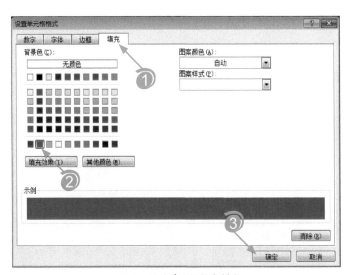

图7-4　设置单元格格式样式

Step 5 依次单击【设置单元格格式】和【新建格式规则】对话框中的【确定】按钮，就可以看到Excel自动设置好的格式了，如图7-5所示。

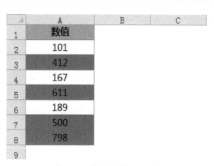

图7-5　条件格式的效果

设置了条件格式后，当单元格中的数据更改后，Excel会自动重新判断该单元格是否满足设置格式的条件，并重新设置单元格格式，如图7-6所示。

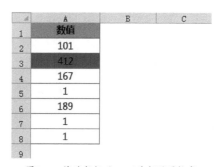

图7-6　修改数据后Excel重新设置格式

第2节　更详细的条件格式设置方法

通过前面的例子可以知道：想让Excel自动为某个单元格区域设置格式，首先应该对这个单元格区域设置条件格式。

让我们一起来看常见的几种设置方法。

7.2.1　使用Excel内置的条件格式样式

也许大家也发现了，在【条件格式】的菜单中，Excel提供了许多内置的格式规则供我们选择使用，如图7-7所示。

图7-7 Excel内置的条件格式样式

这些内置的规则，不需要我们做过多设置，几乎拿来就可以直接使用。如果要设置的格式规则恰好能在里面找到，直接使用它可以减少手动设置的麻烦，如图7-8所示。

设置条件格式前，应先选中要设置格式的单元格区域。设置格式后即可在单元格中看到效果

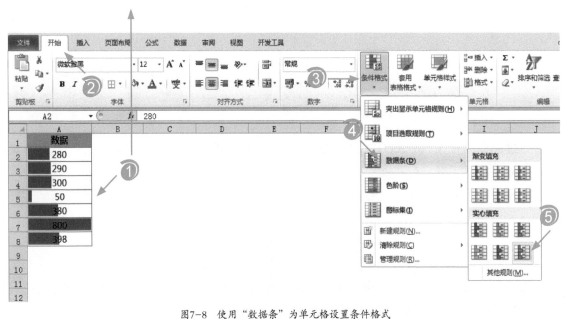

图7-8 使用"数据条"为单元格设置条件格式

7.2.2　自定义格式规则及样式

如果Excel准备的格式规则不能满足我们的需求，还可以自己定义格式规则和样式，主要的设置步骤为：

Step 1 依次执行【开始】→【条件格式】→【新建规则】命令，调出【新建格式规则】对话框。

Step 2 在【新建格式规则】对话框中，自定义需要的格式样式和规则，在7.1.3小节中我们已经示范过一次，大家可以花几分钟时间，参照操作过程试试其他类型的格式规则效果，如图7-9所示。

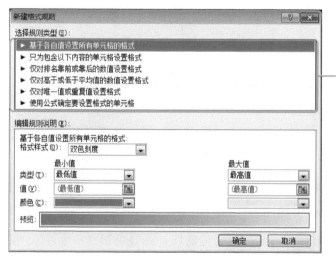

不同类型的规则，适合解决不同的问题，别偷懒，依次试试，感受它们的区别

图7-9　条件格式中不同类型的格式规则

考考你

你能使用条件格式，将图7-8所示表格A列中最大数值所在的单元格填充为绿色底纹吗？手机扫描二维码，看看你的设置方法与我们有什么不同。

7.2.3　使用公式自定义条件格式规则

　　尽管Excel准备了多种类型的格式规则供我们使用，但这并不能满足工作中的各种需求，对图7-10所示的问题，Excel就没有预先准备现成的解决方案。

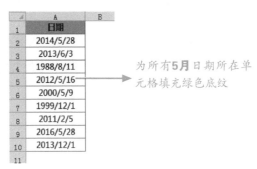

图7-10　条件格式问题

　　为了尽量满足更多人的需求，让条件格式的应用更灵活，适用范围更广，Excel允许用户使用一个返回结果是逻辑值TRUE或FALSE的公式来充当条件格式规则，如果公式返回结果为TRUE，则将单元格设置为指定的格式，否则不做任何设置。

　　在使用条件格式时，我们经常都需要使用公式定义格式规则。

　　要想让Excel自动将5月的日期值所在单元格填充绿色底纹，需要先编写一个可以判断日期对应月份是否为5月的公式，再使用该公式定义条件格式规则，主要的设置步骤如下。

　　Step 1 选中保存日期值的单元格区域，执行【开始】→【条件格式】→【新建规则】命令，调出【新建格式规则】对话框。

　　Step 2 保证A2单元格为活动单元格的前提下，在【新建格式规则】对话框中使用下面的公式设置条件格式规则：

　　=MONTH(A2)=5

　　如图7-11所示。

公式中的A2是活动单元格
地址，使用相对引用样式

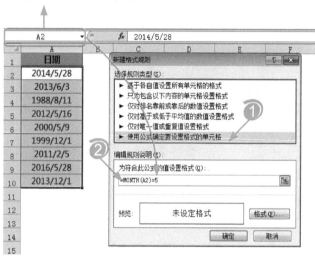

图7-11 用公式设置条件格式规则

Step 3 单击【新建格式规则】对话框中的【格式】按钮，调出【设置单元格格式】对话框，在对话框中设置格式样式，如图7-12所示。

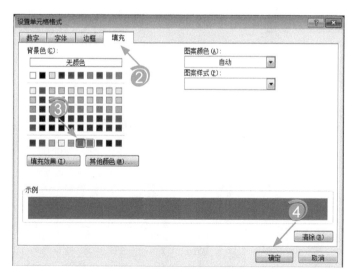

图7-12 设置格式样式

完成设置后，所有5月的日期值所在的单元格，都被设置成指定的格式了，如图7-13所示。

图7-13　条件格式的应用效果

　　设置条件格式时，所有选中的单元格都会按相同的规则设置单元格格式。在定义条件格式规则时，公式虽然是以活动单元格A2为对象进行设置的，但因为公式中的A2使用相对引用，因此，Excel在判断其他单元格是否满足条件格式规则时，用于判断的引用也会随之发生改变。

　　所以，同使用公式定义名称一样，使用公式设置条件格式时，应注意当前活动单元格与引用区域的位置关系，对公式中的单元格地址，应根据实际需求，正确使用相对引用、混合引用和绝对引用样式。

第3节　条件格式的应用举例

7.3.1　标记出表格中重复的数据

　　重复数据，就是出现次数大于1的数据。

　　图7-14所示的工作表中保存了一些姓名，你能快速知道哪些姓名是重复的吗？

	A	B	C	D	E	F	G	H
1	刘小军	刘金雨	杨平	王英	刘浪	韦俊	陈敏	
2	万先平	夏勇	孙良灵	徐会	邓亮	刘统倩	罗永青	
3	刘洋	邵定兴	韦俊	袁佳佳	陈菊	樊媛	刘欢	
4	姚丽洪	陈忠雄	徐涛	王佳运	郑晶	龙启涛	王颜	
5	袁佳佳	邓亮	夏勇	李裕鸿	邓韦	彭志桃	施修泽	
6	张丽	陈青照	胡建青	吴俊	莫顺峰	胡丹	刘欢	
7	刘洋	王江湖	李菊	胡文	张配超	王发江	李好	
8	张娟	黄显	余朝丽	黄启义	陈浩月	叶家豪	胡艳	
9	马家丽	陈浩月	涂文梅	李成俊	吴长进	韩立佳	王兴艳	
10	胡文	孟兴攀	黄显	叶家豪	陈青松	刘珊	彭安琴	
11								

图7-14　可能存在重复值的数据表

这么多姓名，简直看花了眼。

　　人工找出重复姓名很费神，但如果使用条件格式就轻松多了：如果某个姓名在该区域中的个数大于1，就将对应的单元格设置为特殊的格式以作区别。

Step 1 选中保存姓名的单元格区域，调出【新建格式规则】对话框，在对话框中选择规则类型为【使用公式确定要设置格式的单元格】，保证A1单元格是活动单元格的前提下，将格式规则设置为公式：

=COUNTIF($A$1:$G$10,A1)>1

如图7-15所示。

公式使用COUNTIF函数统计$A$1:$G$10中各个姓名的个数，再将个数与1进行比较，当个数大于1时，公式返回TRUE，Excel将对应的单元格设置为指定的格式，所有个数大于1的姓名，都是重复的姓名

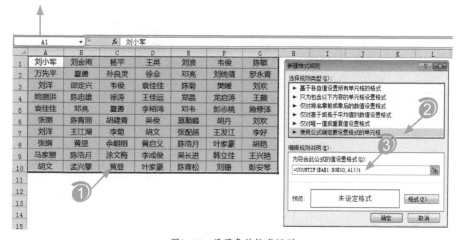

图7-15　设置条件格式规则

Step 2 单击【新建格式规则】对话框中的【格式】按钮，替重复姓名所在的单元格设置一个显眼的格式，如图7-16所示。

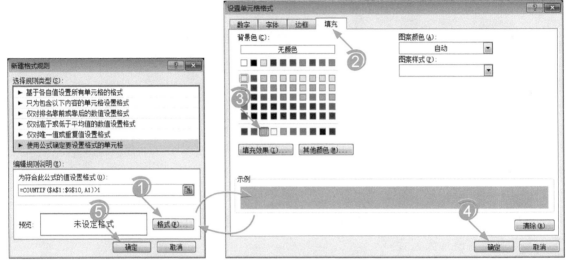

图7-16　设置格式样式

设置完成后，如果这些单元格未设置过其他格式，那在工作表中，所有被设置了指定格式的单元格中的姓名都是重复姓名，如图7-17所示。

	A	B	C	D	E	F	G	H
1	刘小军	刘金雨	杨平	王英	刘浪	韦俊	陈敏	
2	万先平	夏勇	孙良灵	徐会	邓亮	刘统倩	罗永青	
3	刘洋	邵定兴	韦俊	袁佳佳	陈菊	樊嫒	刘欢	
4	姚丽洪	陈忠雄	徐涛	王佳运	郑晶	龙启涛	王颜	
5	袁佳佳	邓亮	夏勇	李裕鸿	邓韦	彭志桃	施修泽	
6	张丽	陈青照	胡建青	吴俊	莫顺峰	胡丹	刘欢	
7	刘洋	王江湖	李菊	胡文	张配超	王发江	李好	
8	张娟	黄显	余朝丽	黄启义	陈浩月	叶家豪	胡艳	
9	马家丽	陈浩月	涂文梅	李成俊	吴长进	韩立佳	王兴艳	
10	胡文	孟兴攀	黄显	叶家豪	陈青松	刘珊	彭安琴	
11								

图7-17　被标出来的重复姓名

7.3.2　让Excel自动标出今天的值班人员

图7-18所示的值班表中保存了一周每天的值班人员信息。

	A	B	C	D	E	F	G	H
1	星期一	星期二	星期三	星期四	星期五	星期六	星期日	
2	龙元羽	徐小倩	姚荣华	郭兴邦	李家宇	龙丹	王涛	
3	杨军	杨梅	孙佳佳	朱家洪	徐世濠	王忠友	张海龙	
4	杨国志	邓成丽	刘江	郭洲兴	徐丽	唐举艳	张亨程	
5	陈则民	陈敏	孟佳杰	李敏	李毓琴	杨高琴	张琴	
6								

图7-18　值班表

今天星期几？轮到谁值班？如果Excel能将今天的值班人员标示出来，就方便了。

可以用公式判断今天的日期是星期几，再借助条件格式将对应值班人员所在的单元格设置为较显眼的特殊格式，就可以实现这个目的了，具体的设置步骤如下。

Step 1 选中整张值班表A1:G5，调出【新建格式规则】对话框，将条件格式规则设置为公式：

=TEXT(TODAY(),"aaaa")=A$1

如图7-19所示。

A1是当前活动单元格，活动单元格不同，用来设置条件格式的公式也不同

图7-19　设置条件格式

Step 2 单击【新建格式规则】对话框中的【格式】按钮，设置一个显眼的单元格格式样式，如图7-20所示。

除了填充颜色，还可以在其他选项卡，如【字体】中设置其他格式

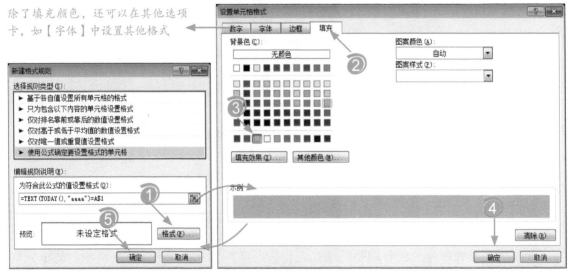

图7-20　设置格式样式

完成设置后，返回工作表，当天值班人员所在单元格就被Excel设置为指定的格式了，如图7-21所示。

注意，条件格式设置的格式会覆盖手动设置的单元格格式

图7-21　条件格式标示出来的值班表

7.3.3　给错误值穿上一件隐身衣

在使用公式处理数据时，可能会因为各种原因导致公式返回错误值。比如当VLOOKUP函数查找不到与查找值匹配的值时，就会返回错误值，如图7-22所示。

=VLOOKUP(A2,D:E,2,FALSE)

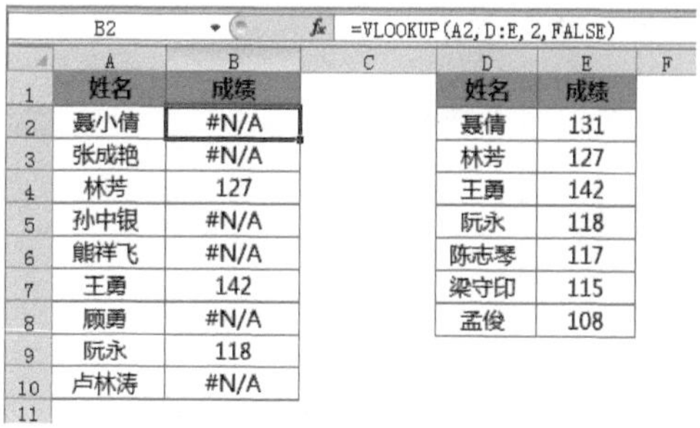

图7-22　可能返回错误值的公式

出于很多原因，我们需要将公式可能返回的错误值隐藏，隐藏错误值的方法我们已经介绍过多种，如借助IF或IFERROR函数。

下面我们介绍怎样用条件格式，将公式可能返回的错误值"隐藏"，主要的设置步骤如下。

Step 1 选中可能返回错误值的单元格区域，调出【新建格式规则】对话框，在其中将条件格式规则设置为公式：

=ISERROR(B2)

如图7-23所示。

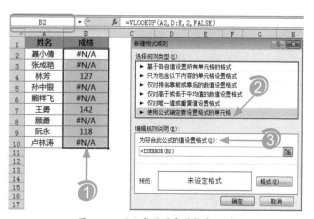

图7-23　用公式设置条件格式规则

Step 2 在【设置单元格格式】对话框中将字体颜色设置为与单元格背景色相同的颜色，如图7-24所示。

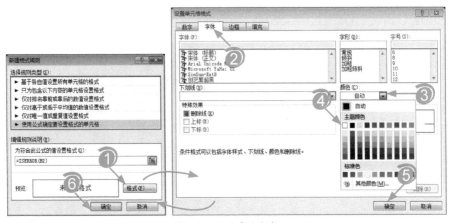

图7-24 设置字体颜色

公式返回错误值的字体颜色与背景颜色相同，错误值就看不到了，如图7-25所示。

有一点需要注意，借助条件格式隐藏错误值，只是改变了错误值的字体颜色，而错误值本身还存在。因此不能直接使用如SUM、AVERAGE等函数直接对该区域进行计算，否则公式会返回错误值，如图7-26所示。

图7-25 被"隐藏"的错误值   图7-26 对存在错误值的数据区域求和

注意

尽管条件格式能带来很多方便，但因为使用条件格式会增大工作簿文件的大小，并增大Excel的计算量。所以，请尽量只为需要使用条件格式的单元格区域设置条件格式，而且如果工作表中不再需要条件格式了，一定要记得清除这些条件格式规则。

第**8**章 在数据有效性中使用公式

大家都知道，人体的咽喉部位有两根管道——气管和食管，在正常的情况下，我们吞咽的食物会进入食管，而吸入的空气会进入气管。可是，这两根管道的距离是如此之近，而且入口方向是完全相同的，我们的身体是怎样保证食物不会进入气管的呢？

原来，每个人都有一个专门掌管吞咽的安全"部件"，叫作会厌。会厌是一块帽舌状的软骨，位于舌根之后，喉部开口之前。当我们吸气时，会厌软骨静止不动，让空气进入气管；当我们吞咽时，会厌软骨像"门"一样，将气管、喉覆盖，令食物进入食道。由此可知，在吞咽那一刻，我们呼吸是暂停的，从而防止食物进入气管或鼻腔。

吞咽和呼吸对人类如此重要，万一弄错了后果非常严重，难怪有会厌这个预防机制来针对性处理，保证人类从婴儿时期开始就可以正常进食和呼吸。

而在计算机应用领域，有一个定律，叫作"垃圾进、垃圾出"，大意就是无论多么先进的计算系统，如果输入的数据是错乱的，那么计算结果也一定是错乱的。那么我们在使用Excel制作表格的时候，也非常有必要建立一套用于确保数据正确的安全预防机制，这样的话，无论是我们自己使用表格，还是将表格制作成模板给其他人填写，都可以减少许多不必要的错误。

你还在担心别人将日期录为"2015.1.2"而不方便处理吗？你还在担心别人将手机号录成10位吗？你还在担心别人将数据录为"2500元"而不利于汇总分析吗……只要在目标区域设置数据有效性，限制可以往单元格中录入的数据类型，这些通通都不是问题。

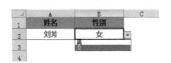

第1节 认识数据有效性

8.1.1 什么是数据有效性

大家在使用Excel的过程中，是否见过类似图8-1的下拉菜单？

图8-1 可供选择输入的下拉列表

这个下拉菜单不仅可供我们选择输入数据，也限制了可以往单元格中输入的内容。如果一个单元格拥有这样的下拉菜单，当输入的内容不在下拉菜单中，Excel就会拒绝输入，如图8-2所示。

图8-2 输入不允许输入的数据

这种效果，就是使用数据有效性设置的。如果使用数据有效性限制了单元格中可以录入的数据范围，Excel就会自动判断输入的数据是否符合要求。

所以，数据有效性其实是一种规则，一种限定用户可以往单元格中输入什么数据的规则。

8.1.2 限定单元格中可以输入的数据内容

怎样使用数据有效性，限定可以往单元格中输入的内容呢？

下面我们就以设置只允许在单元格输入"男"或"女"为例，示范数据有效性的设置过程。

Step 1 选中要设置数据有效性的单元格区域，如图8-3所示。

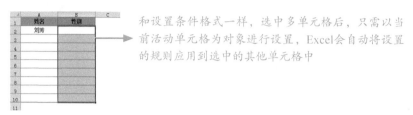

和设置条件格式一样，选中多单元格后，只需以当前活动单元格为对象进行设置，Excel会自动将设置的规则应用到选中的其他单元格中

图8-3　选中要设置数据有效性的区域

Step 2 执行【数据】→【数据有效性】命令，调出【数据有效性】对话框，如图8-4所示。

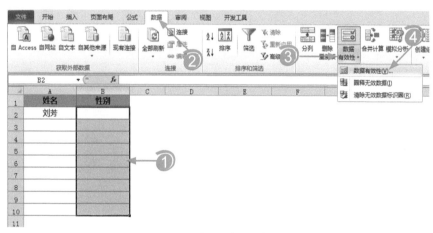

图8-4　调出【数据有效性】对话框

Step 3 在对话框的【设置】选项卡中设置有效性条件：在【允许】下拉列表中选择【序列】→在【来源】编辑框中输入"男,女"→单击【确定】，如图8-5所示。

这里是允许用户输入的数据列表，可以是单元格区域或者用**英文半角逗号**分隔开的项目列表

图8-5　设置可以在单元格中输入的数据

设置完成后，这些单元格区域中就都只能输入"男"或"女"了。

当我们选中其中任意一个单元格，就能在单元格的右侧看到下拉箭头，单击这个箭头即可选择输入，如图8-6所示。

图8-6　设置数据有效性后的单元格

 提 示

对已经设置数据有效性的单元格，可以使用复制、粘贴或选择性粘贴命令，将设置的数据有效性规则粘贴到其他单元格中。复制一个单元格，当执行粘贴命令后，也会同时将单元格中包括数据、格式、条件格式、数据有效性等粘贴到目标单元格中。

8.1.3　设置个性的输入错误警告对话框

对设置了数据有效性的单元格，当输入的数据不符合要求时，Excel会拒绝输入，并显示图8-7所示的警告对话框。

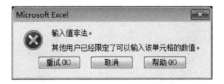

图8-7　输入不规范数据时的提示

对话框是对我们输入错误的提示，如果觉得这个提示信息不够明确，可以在【数据有效性】对话框中重新设置提示的文字内容，步骤如图8-8所示。

图8-8 设置输入出错时的警告信息

实际效果如图8-9所示。

图8-9 自定义的警告对话框

8.1.4 让Excel提示用户应该输入什么数据

有一点需要注意，并不是所有设置了数据有效性的单元格都会提供选择输入的下拉菜单，想让Excel显示类似的下拉菜单，需要在设置数据有效性的时候进行设置，如图8-10所示。

如果在设置数据有效性时，不勾选【提供下拉箭头】复选框，Excel就不会提供选择输入数据的下拉菜单

图8-10 勾选【提供下拉箭头】复选框

无论是否提供下拉箭头，让Excel给出一个提示，清楚地告诉我们，可以在单元格中输入的内容，是很有必要的。

而这个提示，就可以在【数据有效性】对话框中设置，如图8-11所示。

图8-11　设置输入提示信息

设置好后，当我们选中设置了数据有效性的单元格后，Excel就会显示设置的提示信息，如图8-12所示。

图8-12　Excel给出的输入提示

第2节　限定可以在单元格中输入的数据

8.2.1　自定义数据有效性的条件

大家可能也发现了，在【数据有效性】对话框中，可以设置不同的有效性条件，如限制单元格只能输入整数、时间、日期等。不同的设置，只要选择不同的设置项就可以了，如图8-13所示。

【允许】下拉列表中已经准备了多种设定，选择其中的一项，根据提示，设置过程会很简单

图8-13　不同的数据有效性条件

考考你

你能通过设置数据有效性，让A列的单元格只能输入2016年任意一天的日期吗？试一试，看自己能不能完成这样的设置。

手机扫描二维码，看看你的设置方法和我们设置的方法是否相同。

如果下拉列表中没有要设置的项，还可以选择其中的【自定义】项，用一个返回结果为逻辑值TRUE或FALSE的公式，自定义数据有效性的条件，当公式返回条件为TRUE时，Excel才接受我们输入的数据，反之则拒绝输入。

8.2.2 限制只能输入小于10的数值

下面我们示范如何通过公式设置数据有效性，实现只能在单元格中输入小于10的数值。

Step 1 选中要设置数据有效性的单元格区域，调出【数据有效性】对话框，如图8-14所示。

图8-14 调出【数据有效性】对话框

Step 2 保证A2单元格为活动单元格的前提下，在【数据有效性】对话框的【设置】选项卡中，将数据有效性条件设置为公式：

=A2<10

如图8-15所示。

图8-15 用公式设置数据有效性条件

设置完成后，当单元格中输入数据后，Excel会先计算设置数据有效性的公式，判断输入的数据是否小于10，如果小于10，公式返回TRUE，接受输入的数据，否则，拒绝输入的数据，并给出错误提示，如图8-16所示。

图8-16　Excel拒绝输入大于或等于10的数值

 ## 考考你

如果给你类似图8-17所示的成绩表，让你求其中所有成绩的平均分，你会怎么求？

序号	姓名	成绩	
1	张军	语文　90分	
2	李欢	语 文 81分	
3	邓小军	78　分	
4	林欢艳	83分	

图8-17　不规范的成绩表

表格中的成绩是文字、空格和数字的混合文本，并非数值，无法使用函数直接对其进行计算和汇总。试想一下，如果给你的成绩记录有成千上万条，且数据是由100人录入，每人一种花样。让你求这些成绩的平均分，你会作何感想？

只有规范录入数据，将数据保存为正确的数据类型，才便于后期的各种汇总和分析。

如果想让大家在单元格中录入的成绩只能是0到100之间的数值，你能用数据有效性完成这个设置吗？

手机扫描二维码，即可查看我们给出的参考解决方案。

8.2.3 保证输入的身份证号是18位

录入身份证号是一件令人头疼的事情，18位的号码，小手一抖，就会多录或少录一两位，导致输入错误。如果想保证录入单元格中的字符始终是18个，可以用数据有效性进行设置，设置的主要步骤如下。

选中要录入身份证号的数据区域，调出【数据有效性】对话框，在保证A2单元格为活动单元格的前提下，将数据有效性条件设置为公式：

=LEN(A2)=18

如图8-18所示。

图8-18　用公式设置数据有效性条件

设置完成后，当在单元格中输入的字符个数不等于18时，Excel会拒绝我们的输入，如图8-19所示。

图8-19　输入不规范的身份证号

当然，这样设置的数据有效性，只能保证录入数据是18个字符，并不能完全保证录入的是正确的身份证号。要保证录入的身份证号完全正确，还应考虑其中的出生年月日等其他信息是否符合要求，这就需要在设置数据有效性的公式中加入相应的判断条件。

考考你

如果想保证录入的身份证号中的出生日期是正确、规范的日期信息，还应考虑第7个到第14个字符是否是类似"20111520"的不规范日期信息（月份不可能大于12）。只有录入的字符是18个，且日期信息是正确的数据才能录入单元格中，你知道这样的数据有效性应怎样设置吗？你能想出几种设置方法？

手机扫一扫二维码，可以查看我们给出的设置方法。

8.2.4 不允许输入重复的数据

对录入Excel中的数据，不同记录中的某些信息是不允许重复的，如学籍号、身份证号等。

所以，当在Excel中录入身份证号、学籍号等信息时，并不希望录入重复的数据。但因为数据需要纯手工录入，不能保证在录入过程中不出现任何失误。为避免录入重复的信息，可以事先为录入数据的单元格设置数据有效性，禁止在这些单元格中录入重复的数据，设置的方法和步骤如下。

Step 1 选中要录入数据的区域，执行【数据】→【数据有效性】命令，调出【数据有效性】对话框。

Step 2 保证A2单元格为活动单元格的前提下，在【数据有效性】对话框中将有效性条件设置为公式：

=COUNTIF(A:A,A2)=1

如图8-20所示。

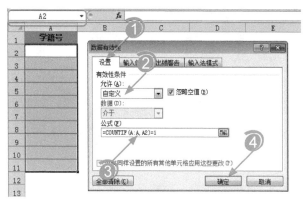

图8-20　设置数据有效性条件

该公式使用COUNTIF函数统计输入的数据在A列中的个数，再将这个结果与数值1进行比较。当结果不等于1时，说明输入的数据在A列出现次数不止1次，Excel就会拒绝输入该数据，如图8-21所示。

图8-21　Excel拒绝输入重复数据

如果相同的数据允许输入2次，则公式可设置为：
=COUNTIF(A:A,A2)<=2

第3节　借助有效性制作二级下拉菜单

8.3.1　什么是二级下拉菜单

大家一定见过类似图8-22所示的下拉菜单吧？

图8-22 选择输入数据的菜单

当在第一个菜单中选择省份后,第二个菜单会自动列出属于该省份的所有城市供我们选择。类似这样的菜单就是二级下拉菜单,在二级菜单中,第二个菜单的内容会随第一级菜单内容的改变而改变。

8.3.2 在Excel中制作二级菜单

要想在Excel中制作类似的二级菜单,需要先准备一张工作表,保存省份及各省份包含的城市名称,如图8-23所示。

在数据表中,1列保存1个省份的城市名称。其中各列第1行保存省份名称,即第一级菜单的内容,其他单元格保存该省包含的城市名称,即第二级菜单的内容

	A	B	C	D	E	F
1	北京	上海	四川	贵州	福建	
2	东城区	黄浦区	成都	贵阳	福州	
3	西城区	卢湾区	自贡	六盘水	厦门	
4	崇文区	徐汇区	攀枝花	遵义	莆田	
5	宣武区	长宁区	德阳	安顺	三明	
6	朝阳区	静安区	绵阳	铜仁	泉州	
7	丰台区	普陀区	广元	黔西南	漳州	
8	石景山区	闸北区	内江	毕节	南平	
9		虹口区	乐山	黔东南	龙岩	
10		杨浦区	南充	黔南		
11		宝山区	广安			
12		嘉定区				
13						
14						

数据 │ 二级菜单

图8-23 保存省份及城市名称的数据表

准备好制作二级菜单的数据表后,就可以在Excel中制作二级菜单了,主要步骤如下。

Step 1 选中保存省份及城市名称的数据表,执行【开始】→【查找和选择】→【定位条件】命令(或按<Ctrl+G>组合键),调出【定位条件】对话框,如图8-24所示。

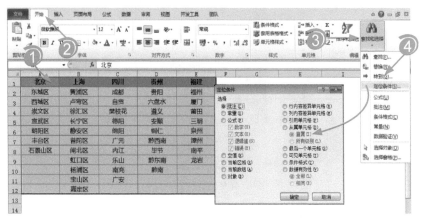

图8-24　调出【定位条件】对话框

Step 2 在【定位条件】对话框中设置定位条件为【常量】，单击【确定】按钮，以选中保存有数据信息的所有单元格，如图8-25所示。

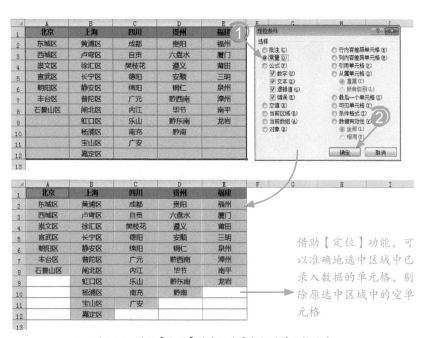

借助【定位】功能，可以准确地选中区域中已录入数据的单元格，剔除原选中区域中的空单元格

图8-25　借助【定位】选中保存有数据的单元格区域

Step 3 执行【根据所选内容创建】命令，将选中区域中的各列定义为名称，步骤如图8-26所示。

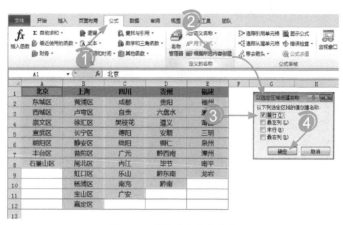

图8-26 将各列定义为名称

Step 4 选中数据表中第1行的省份名称,直接在名称框中将该区域定义为名称"省份",如图8-27所示。

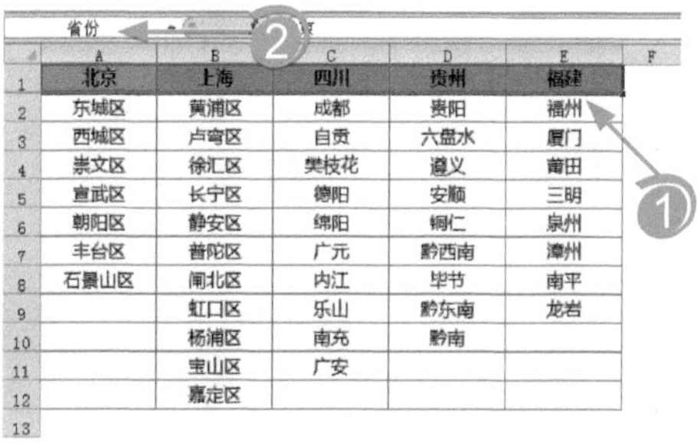

图8-27 将第1行定义为名称

操作完成后,可以按<Ctrl+F3>组合键打开【名称管理器】,在【名称管理器】中查看刚才定义的名称及其对应的引用,如图8-28所示。

名称"省份"包含了所有的省份名称,是一级菜单中的内容。其他以省名命名的名称,包含了该省对应的城市名称,是二级菜单中的内容

图8-28 查看已定义的名称

Step 5 切换到要设置二级菜单的工作表，选中要输入省份名称的单元格区域，调出【数据有效性】对话框，如图8-29所示。

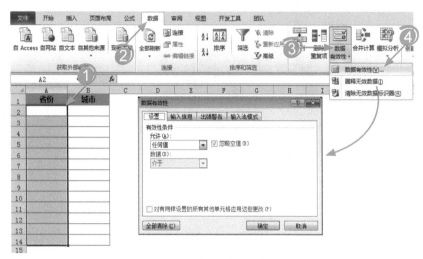

图8-29　调出【数据有效性】对话框

Step 6 在【数据有效性】对话框中设置有效性条件，将【允许】项设置为【序列】，【来源】设置为公式：

=省份

详情如图8-30所示。

图8-30　设置一级菜单的有效性条件

公式中的"省份"是定义的名称名，对应的引用是数据表中第1行的省份。将有效性条件设置为公式"=省份"，意味着只能在这些单元格中输入该名称包含的省份名称。

这样，一级菜单就设置好了，选中"省份"列的任意一个单元格后，即可通过下拉菜单选择输入省份的名称，如图8-31所示。

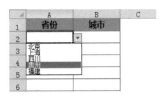

图8-31 一级菜单的效果

Step 7 选中用于输入城市名称的单元格区域，调出【数据有效性】对话框，如图8-32所示。

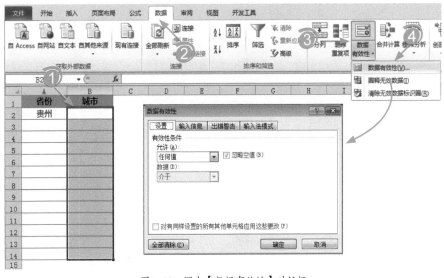

图8-32 调出【数据有效性】对话框

Step 8 保证B2为活动单元格的前提下，在【数据有效性】对话框中将【允许】项设置为【序列】，将【来源】设置为公式：

=INDIRECT($A2)

如图8-33所示。

A2单元格中保存的是省份名称，该省份名称同时也是一个名称名，使用INDIRECT函数将其转为引用，即返回保存该省城市名称的单元格区域

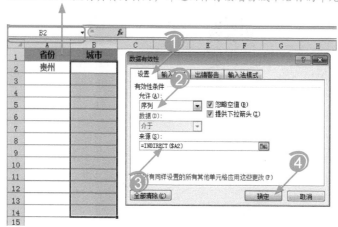

图8-33 设置二级菜单的有效性条件

完成后，就可以在工作表中使用这个二级菜单了，如图8-34所示。

图8-34 二级菜单的效果

因为B列可录入的数据，要根据A列中的省份名称确定，所以当第一列的省份名称更改后，第二级下拉菜单中的城市名称会发生更改，如图8-35所示。

图8-35 二级菜单的效果